高度集约化开发区多源生态水量调控技术研究与工程示范

——以东江支流龙岗河为例

谢林伸　陈纯兴　韩　龙　戴知广　等　著

U0386856

科学出版社

北京

内 容 简 介

本书以东江高度集约化开发区域典型支流龙岗河为研究对象，开展了流域径流量规律及影响因素研究、雨源型河流生态流量保障技术研究和多源生态水量调控调蓄关键技术研究，并选择典型支流进行工程示范。研究成果为雨源型河流径流量失衡及枯水期生态环境需水量不足问题提供了解决方案，有利于促进河流受损水生态系统恢复。全书共分为8章，第1章绪论，第2章龙岗河流域概况，第3章流域径流规律及影响因素研究，第4章雨源型河流生态流量保障技术研究，第5章流域生态环境需水量研究，第6章流域多源生态水量调控调蓄技术方案研究，第7章多源生态水量调控工程示范，第8章结论。

本书可为龙岗河流域水污染治理及生态功能改善提供重要的理论依据和技术支持，促进并丰富了河流多源生态水量调控研究。

图书在版编目（CIP）数据

高度集约化开发区多源生态水量调控技术研究与工程示范：以东江支流龙岗河为例 / 谢林伸等著. — 北京：科学出版社，2019.12
ISBN 978-7-03-064317-9

Ⅰ.①高… Ⅱ.①谢… Ⅲ.①高度集约化－开发区－生态水量－深圳 Ⅳ.①X520.7

中国版本图书馆CIP数据核字（2019）第249421号

责任编辑：谭宏宇 / 责任校对：郑金红
责任印制：黄晓鸣 / 封面设计：殷 靓

科学出版社 出版
北京东黄城根北街16号
邮政编码：100717
http://www.sciencep.com

当纳利（上海）信息技术有限公司印刷
科学出版社发行 各地新华书店经销

*

2019年12月第 一 版 开本：B5（720×1000）
2019年12月第一次印刷 印张：14 1/2
字数：276 000
定价：150.00 元
（如有印装质量问题，我社负责调换）

编 写 委 员 会

前　言

　　东江是珠江的一大支流，全长562公里，流域面积35 340平方公里，连接赣粤港三地，直接肩负着河源、惠州、东莞、广州、深圳以及香港近4 000万人口的生产、生活、生态用水，为香港的繁荣稳定、深莞地区的加速发展作出了重要贡献，被誉为"生命水、政治水、经济水"。东江流域五市人口约占广东省总人口的五成，GDP约两万亿，占全省GDP总量的七成，在全省政治、社会、经济中具有举足轻重的地位。东江流域是一个关联度高、整体性强的区域，具有"高经济密度、高发展速度、高功能水质要求及高强度控污"的特征。

　　龙岗河是深圳市五大河流之一，位于深圳市东北部，是东江二级支流淡水河（淡水河汇入东江的一级支流西枝江）的上游段，其面临的水环境问题在东江高度集约开发区域具有典型代表性。龙岗河为典型的雨源型河流，丰枯季节径流量差异大，枯水期部分支流水量小甚至断流，并且龙岗河流域污水处理设施布局不合理，污水处理设施建在干流中下游，导致流域上游及支流普遍缺水。此外，龙岗河流域水污染治理中普遍采取大截排及沿河箱涵截污的模式进一步加剧了河道缺水，部分支流治理完后常年处于干涸状况。对此，依托国家水体污染控制与治理重大科技专项"东江高度集约开发区域水质风险控制与水生态功能恢复技术集成及综合示范"（2015ZX07206-006）等课题，笔者开展龙岗河流域多源生态水量调控技术研究与工程示范。

　　本书以东江高度集约化开发区域典型支流龙岗河为研究对象，构建了流域产汇流模型，分析了龙岗河流域径流量时空分布特征及影响因素，开展了雨水滞留塘设计与地表径流回补技术、非供水山塘及小水库蓄水改造技术研究和规模化尾水回调补水优化保障技术等流域生态流量保障关键技术研究，并以河流基流量及河道生态环境需水量为依据，以解决雨源型河流生态流量失衡及枯水期生态基流匮乏问题为目标导向，统筹考虑流域的水质净化厂、非供水山塘水库、雨水滞留塘等补水水源，研究制定了流域生态流量调控调蓄技术方案，为流域水生生物生存与繁衍提供基础流量保障，有利于河流水生态系统恢复。本书可为龙岗河流域水污染治理及生态功能改善提供重要的理论依据和技术支持，促进并丰富了河流多源生态水量调控研究，具有重要的现实意义与较为广泛的推广应用前景。

本书是国家科技重大专项"东江高度集约开发区域水质风险控制与水生态功能恢复技术集成及综合示范"（2015ZX07206-006）研究成果之一。本书在编写过程中得到了中国科学院生态环境研究中心、哈尔滨工业大学（深圳）、生态环境部华南环境研究所、中国环境科学研究院、深圳市生态环境局、深圳市水务局、龙岗区水务局等单位的大力支持，在此表示感谢。

限于时间和水平限制，本书难免存在疏漏之处，敬请读者批评指正。

作　者

2019年11月于深圳

目　录

前言

第 1 章　绪论..1
    1.1　研究背景..1
    1.2　研究进展..2
    1.3　研究内容及意义..4

第 2 章　龙岗河流域概况..6
    2.1　地理位置..6
    2.2　自然环境概况..7
    2.3　社会经济概况..10
    2.4　水污染防治现状..11
    2.5　水质现状与历史趋势..13

第 3 章　流域径流规律及影响因素研究..21
    3.1　流域产汇流模型构建..21
    3.2　流域径流影响因素分析..52
    3.3　流域径流历史演变规律研究..58

第 4 章　雨源型河流生态流量保障技术研究....................................68
    4.1　雨水滞留塘设计与补水研究..68
    4.2　非供水山塘及小水库蓄水改造研究..................................82

　4.3　规模化尾水回调优化补水研究···107

第5章　流域生态环境需水量研究···121
　5.1　生态需水量概念及组成···121
　5.2　生态需水量计算方法···123
　5.3　流域生态需水量计算···128
　5.4　流域生态需水量计算结果···156
　5.5　流域生态需水量对比分析···173

第6章　流域多源生态水量调控调蓄技术方案研究·······················176
　6.1　基础条件设置···176
　6.2　管理阶段及方案设计···178
　6.3　多源生态水量动态调控调蓄合理性评估·································194

第7章　多源生态水量调控工程示范···197
　7.1　示范工程概况···197
　7.2　示范工程技术介绍···197
　7.3　示范工程运行效果···211

第8章　结论··215

参考文献··218

第1章 绪论

1.1 研究背景

东江是珠江流域三大水系之一,发源于江西省寻邬县桠髻钵山,源区包括江西省的寻乌、安远、定南三县,上游称寻乌水,在广东省河源市龙川县合河坝与安远水汇合后称东江,经河源市龙川县、东源县、源城区、紫金县,惠州市博罗县、惠城区,至东莞市石龙镇后,流入珠江三角洲东部网河区,分南北两水道(南支流与北干流)注入狮子洋,经虎门出海。东江干流由东北向西南流,河道长度从源头至石龙为520公里,至狮子洋全长562公里,其中在江西省境内127公里,广东省境内435公里。河口狮子洋以上流域总面积35 340平方公里,其中广东省境内31 840平方公里,占流域总面积的90.1%,江西省境内3 500平方公里,占流域总面积的9.9%。东江流域广东省境内面积约占全省陆地面积的18%。

东江是珠江的一大支流,连接赣粤港三地,直接肩负着河源、惠州、东莞、广州、深圳以及香港近4 000万人口的生产、生活、生态用水。东江流域五市人口约占广东省总人口的5成,GDP约两万亿,占全省GDP总量的七成左右,在全省政治、社会、经济中具有举足轻重的地位。东江流域是一个关联度高、整体性强的区域,具有"高经济密度、高发展速度、高功能水质要求及高强度控污"的特征。

龙岗河流域位于深圳市东北部,是东江二级支流淡水河(淡水河汇入东江的一级支流西枝江)的上游段,发源于梧桐山北麓,深圳境内的流域面积302.13平方公里,是东江流域的重污染支流之一,对东江作为优质水源的水质风险控制有着关键的作用。龙岗河流域面临的水环境问题在东

1

江高度集约开发区域具有典型代表性。据统计，龙岗河流域人口密度高达6 548人/平方公里，是广东省平均人口密度（548人/平方公里）10倍以上，高于深圳市平均人口密度5 360人/平方公里。龙岗区作为深圳市重要经济增长极，已成长为全市电子信息、生物技术、新材料等先进工业生产基地，地域经济迅速崛起、城市建设用地快速扩张，呈现出流域内产业高度集中、地表高度硬化的特点。2015年监测数据显示，龙岗河干流监测断面化学需氧量和五日生化需氧量基本达到Ⅳ类标准，但大部分断面氨氮和总磷均劣于Ⅴ类标准，几乎所有支流氨氮和总磷均超标，造成水环境质量恶化与水生态功能退化严重。

深圳市各级政府对龙岗河水环境问题极为重视，并且积极开展治理工作。近年来龙岗河流域水质获得持续改善。但是，由于流域开发面积大，自然基流量较小，水环境容量小，部分断面的氨氮、总磷远未能达到地表水Ⅲ类水质目标，甚至超过地表水Ⅴ类标准。此种情况在枯水期更为突出，河流生态基流极小，部分支流甚至断流，河流流量主要以污水为主。据相关统计数据，龙岗河污水排放量高达53.6万吨/日，与90%保证率最枯月流量相比，污径比已达到5.6。龙岗河流域降雨不均匀，降雨主要集中在丰水期（每年4月至9月），而且河流短小，河水暴涨暴落，自然基流量偏小，枯水期更加突出。此外，龙岗河流域正快速向城市化转变，城市建设用地快速扩张。2002年，龙岗河流域内建设用地面积约占流域总面积的29.2%，而到2007年，建设用地面积所占比例迅速增加到57.4%，仅五年时间就增长了28.2%，目前建设用地面积已超过40%。

因此，龙岗河流域是典型的"高强度开发、高速发展、高速城市化"的区域，自然水文节律失衡、河流生态系统结构与功能退化以及河流自净能力下降等问题凸显，饮用水风险加大。依托国家科技重大专项"东江高度集约开发区域水质风险控制与水生态功能恢复技术集成及综合示范"（2015ZX07206-006），以水量平衡调控为核心开展龙岗河多源生态水量调控技术研究，为龙岗河流域水污染治理及生态功能改善提供重要的理论依据和技术支持，促进并丰富了河流多源生态水量调控研究。

1.2 研究进展

水资源调度管理的宗旨为实现水资源的优化配置，其目的是落实水量分配方案和取水总量控制指标，保障生产、生活和生态合理用水需求，实现人与自然和谐共处。水资源调度管理对象为流域内各区域地表水、地下水和非传统水源。水量和水质是水资源的二重属性，二者相互影响不可分割。

国外对于水质水量联合调控的研究较早。从20世纪80年代后期，随着水资源研究中量与质统一管理理论研究的不断深入，国际上从单纯的水配置研究发展到水量、水质统一配置模型研究，从追求流域经济最优到追求流域总体效益最优为目标的合理配置研究，更加重视生态环境与社会经济的协调发展。水资源调度主要通过模型进行优化，例如，国外学者使用水资源模拟模型和优化模型方法研究了综合考虑水量水质目标下的湖泊水资源调度方法，或通过建立水量水质联合调度决策支持系统研究科罗拉多流域上游主干河流，研究水资源配置规划和水污染处理规划方面平衡的问题。在区域规划层面，通过集成了流域水文、水质、农业和经济模型，并通过大系统的分解协调技术求解，分析水量的分配和灌溉引起盐碱化的环境问题。随着计算机技术的发展，提供水量水质联合功能的软件得到了较快发展，如以水量模拟为主的MODSIM和流域水量分配的MIKEBasin，河道水量水质模型QUAL和WASP，并逐渐得到广泛应用。

在我国20世纪90年代，随着社会经济发展对水资源优化配置的需求变化，水质水量联合调度研究逐步开展。国内水质水量联合调控始于平原河网和湖库的水环境整治工作。例如，有学者研制出适应性较强的河网水量水质统一模型，提出了调水改善水环境的措施，并应用于上海浦东新区河网水环境而进行的调水方案研究。在2003年全国水资源综合规划工作中，水资源数量与质量联合评价方法已作为研究的重点之一。2005年的第四届环境模拟与污染控制学术研讨会上，明确指出水质水量的联合配置和调度是水资源优化配置的研究方向。随着有关机构和学术界日益重视水质水量联合调度与调控方面的研究与实践，很多流域开始制定或实施相关的调度管理方案并开展有针对性的技术示范等。例如："十一五"期间，水体污染控制与治理科技重大专项根据流域水环境问题和特点设计"松花江河流水质安全保障的水质水量联合调控技术及工程示范"，重点关注典型河流水资源可持续利用和针对环境风险控制的水质水量优化配置及调度方案；"淮河-沙颍河水质水量联合调度改善水质关键技术研究"重点关注闸坝高度控制河流水污染事件闸坝调控技术、"东江水库群调度与生态系统健康监测、维持技术研究与应用示范"重点研究流域供水水质安全保障及生态保护的梯级水库群生态调度模式；"西北缺水河流水污染防治关键技术研究与集成示范"重点研究基于库群和地下水调度保障生态基流的技术。这些研究重点解决了河流生态基流保障和枯水期间的水环境容量调控问题，基本形成了水资源调度中的水质调度技术体系，极大地扩充了水资源调度的内涵，开创了我国水质水量联合调度与调控的新局面。

但现有研究中补水对象或取水水源主要来自大江大河、水库等，针对类似龙岗河流域这种高度集约化开发区域开展的多源生态水量调控方面的研究较少。本书以丰水期产流调蓄、非供水山塘改造、规模化尾水回调及再生水回用为重点，开展河流生态流量保障技术与集成研究。以重建健康流域水生态系统为目标，结合河流生态流量保障技术，提出动态水系统人工调控调蓄技术方案。研究成果可解决枯水期生态流量匮乏问题，有利于稀释进入枯水期龙岗河的污染物浓度，显著降低高污径比带来的水质污染，大幅度降低水质改善的压力，为龙岗河水质达标提供技术支持。此外，对于类似河流（例如坪山河、观澜河等）的水质改善和达标也具有推广作用。

1.3 研究内容及意义

本书以东江高度集约化开发区域典型支流龙岗河流域为研究对象，通过系统的资料收集和全面的现场调研，构建了流域产汇流模型，分析了龙岗河流域径流量时空分布特征及影响因素，开展了雨水滞留塘设计与地表径流回补技术、非供水山塘及小水库蓄水改造技术研究和规模化尾水回调补水优化保障技术等流域生态流量保障关键技术研究。以河流基流量及河道生态环境需水量为依据，以重建健康流域水生态系统为目标，开展了流域生态流量调控调蓄技术研究，以期为龙岗河流域水污染治理及生态功能改善提供重要的理论依据和技术支持，促进并丰富了河流多源生态水量调控技术研究。

基于以上研究目的，本书研究内容如下：

1）龙岗河流域环境现状及水质现状分析。

2）龙岗河流域径流量规律及影响因素研究。

3）雨水滞留塘设计与地表径流回补技术研究。

4）非供水山塘水库及小水库补水调蓄改造研究。

5）规模化尾水回调补水优化研究。

6）流域生态环境需水量研究。

7）流域多源生态流量调控调蓄技术方案研究。

8）流域多源生态流量调蓄工程示范。

第 2 章 龙岗河流域概况

2.1 地理位置

　　龙岗河流域位于深圳市东北部，是东江二级支流淡水河（淡水河汇入东江的一级支流西枝江）的上游段，发源于梧桐山北麓，流经深圳市的横岗、龙岗、坪地、坑梓四街道，在坑梓街道吓陂村附近进入惠州市境内，从坑梓街道沙田村的北面开始，成为深圳市与惠州市的界河，接纳田坑水与田脚水后，完全流出深圳进入惠州。现状西湖村断面以上流域面积415.08平方公里，深圳境内的流域面积302.13平方公里，干流长36.19公里，河床平均比降为2.8‰。龙岗河流域内的地势为西南高、东北低，水系分布在低山丘陵地带和台地地区，蒲卢陂以上为低山丘陵区，中下游属台地，地形相对平缓；干流河谷地貌以宽窄相间的串珠状为特色，宽处形成盆地，窄处形成隘口。

　　龙岗河流域主要包括龙岗区的横岗、龙城、龙岗、坪地4个街道和坪山新区的坑梓街道，共有47个社区（表2.1）。

表 2.1 龙岗河流域区域内行政范围

行政区	街办	社区名称
龙岗区	横岗	松柏、保安、四联、西坑、安良、六约、大康、横岗、银荷、荷坳、华侨新村、志盛、华乐、怡锦、振业
	龙城	爱联、龙西、五联、回龙埔、紫薇、尚景、愉园、盛平、黄阁坑、龙红格
	龙岗	新生、龙岗、龙东、南联、龙岗墟、平南、南约、同乐
	坪地	坪地、怡心、坪西、坪东、中心、六联、年丰、四方埔
坪山新区	坑梓	坑梓、老坑、秀新、龙田、金沙、沙田

2.2 自然环境概况

（1）地形地貌

龙岗河流域水系分布在低山丘陵地带和台地区，总体地势南西高，北东低。干流河谷地貌呈宽窄相间的串珠状，宽处为冲积盆地、窄处峡谷。原蒲芦陂水库以上的梧桐山河与大康河属低山区，河谷较窄（谷宽200～300米），地面坡降较大，河床纵向平均坡降10.8%；原蒲芦陂水库到深惠公路下陂头桥段属低丘陵区；下陂头桥以下中下游为台地区，地势平缓，发育龙岗与坪地2个盆地，两盆地之间为低山河谷段，河谷突然变窄，河道弯急。在坪地盆地，河床紧靠盆地南侧的低丘陵，河面宽阔，沙洲发育。

（2）气候气象

深圳市地处北回归线以南，气候温暖多雨，属亚热带海洋性季风气候。太阳总辐射量较多，夏季长，冬季不明显，冷期短，全年无霜。

深圳市常风向为东南东和北北东，次常风向为东北和东，夏季多为东南风，冬季多为东北风。多年平均风速2.8米/秒，实测最大风速（深圳站）40米/秒，每年出现大于6级风的天数为10天。

深圳市年平均气温为22.4℃，最高为38.7℃（1980年7月10日），最低为0.2℃（1957年2月11日）。多年平均相对湿度79%；多年平均水面蒸发量1 322毫米、多年平均陆地蒸发量约850毫米；深圳市多年平均降水量1 948毫米，降雨在地区分布不均匀，迎风坡与背风坡降雨量有明显差异，局部地区降雨量较多，东部多年平均降水量约2 000～2 100毫米，西部多年平均降水量1 600～1 700毫米。降雨量由东南向西北递减，且递减趋势随统计时段的加长而明显增大。梧桐山为全流域的暴雨中心。降雨在时间上分布不均匀，夏季多冬季少，每年4～9月为雨季，降水量占全年降水的85%～90%左右。前汛期为4～6月，主要受锋面和低压槽的影响；后汛期为7～9月，主要受台风和热带低气压影响，一次台风过程的降水量可达300～500毫米，降水量中由台风带来的台风雨量约占多年平均雨量的36%。10月～翌年3月份为旱季，降水量约占全年的10%～15%。

根据广东省水文图集，龙岗河流域多年平均降水量分别为1 733.8毫米。根据2015年深圳市水资源公报，龙岗区和坪山新区2015年降水量分别为1 830.68毫米和1 601.2毫米，年降水总量分别为6.63亿立方米和2.5亿立方米。

（3）流域水系

龙岗河流域的主要支流有十多条，其中横岗境内的梧桐山河与大康河在西北边汇合并入龙岗河干流；龙岗境内有爱联河、黄龙河、回龙河、南约河四条河，分别在西部和北部汇入龙岗河；在坪地境内有丁山河、同乐河、黄沙河、田坑水四条河，在北部汇入干流；坑梓境内田坑水、田脚水及惠阳的部分支流汇入龙岗河，出龙岗区后汇入淡水河。其中，龙岗河干流的规划防洪标准为100年一遇，其余支流的规划防洪标准为20～50年一遇（表2.2）。

表 2.2 龙岗河流域河道情况统计表

序号	干流	一级支流	二级支流	三级支流	河长（公里）	防洪标准
1	龙岗河				19.9	100 年一遇
2			西湖水		1.51	20 年一遇
3			盐田坳支流		2.92	20 年一遇
4			蚌湖水		1.5	20 年一遇
5			四联河		6.94	50 年一遇
6		小坳水			1.1	/
7		大康河			5.9	50 年一遇
8			新塘村排水渠		2.57	/
9			简龙河		1.3	20 年一遇
10			横岗福田河		1.89	20 年一遇
11		爱联河			8.82	50 年一遇
12		龙西河			4.18	50 年一遇
13			回龙河		2.7	50 年一遇
14		南约河			9.71	50 年一遇
15			沙背沥水		3.22	20 年一遇
16			水二村支流		1	20 年一遇
17			同乐河		10.29	50 年一遇
18				大原水	3.35	/
19				三棵松水	1.91	20 年一遇
20				田心排水渠	1.14	20 年一遇
21				茅湖水	3.4	20 年一遇

序号	干流	一级支流	二级支流	三级支流	河长（公里）	防洪标准
22				浪背水	1.41	20 年一遇
23				上禾塘水	1.72	20 年一遇
24		丁山河			6.4	20/50 年一遇
25			花园河		4.03	20 年一遇
26			黄竹坑水		1.87	20 年一遇
27			白石塘水		2.03	20 年一遇
28			长坑水		0.35	20 年一遇
29		黄沙河			3.61	50 年一遇
30			黄沙河左支流		4.46	50 年一遇
31		田坑水			10.18	/
32			老鸦山水		2.13	/
33			三角楼水		4.51	/
34		马蹄沥			/	/
35		张河沥			/	/
36		田脚水			7.49	/
37		花古坪水			2.82	/

（4）水文水资源

龙岗河下游吓陂在 1959～1968 年间曾有常设水文站。据仅存的十年资料统计，其平均年径流深为 1 025 毫米，多年平均径流量为 2.97 亿立方米。

龙岗河天然径流量年内变化较大，枯水期（11～3 月）多年平均径流量为 0.259 亿立方米，仅占全年的 7.6%；丰水期（4～10 月）为 3.150 亿立方米，占全年的 92.4%；丰水年份（1961 年）为 5.038 亿立方米，枯水年份（1963 年）为 0.746 亿立方米，相差较大（表 2.3）。

表 2.3　龙岗河年径流、年降水量统计分析表

流域	多年平均降雨量（毫米）	年径流深（毫米）	多年平均降水量（亿立方米）	多年平均径流量（亿立方米）	多年平均径流量（立方米/秒）	90% 最枯月平均径流量（立方米/秒）	各种保证率年径流总量（亿立方米）				
							10%	50%	75%	90%	97%
龙岗河	1 870	1 025	5.43	2.97	9.43	1.11	4.48	2.82	2.17	1.63	1.25

（5）土壤和植被

龙岗河流域土壤主要有赤红壤、红壤、黄壤、水稻土等，其中以赤红壤分布最广。土壤在垂直分布上有明显的分带性，海拔500米以上多为黄壤，300～500米之间的山地多为红壤，300米以下山地多为赤红壤和侵蚀红壤，100米以下侵蚀赤红壤分布较广，冲洪积阶地或洪积扇多发育洪积黄泥土。两河流域属于燕山期第三期侵入岩，岩性为黑云母花岗斑岩、似斑状黑云母花岗岩。

龙岗河流域植被属南亚热带季雨林，林木覆盖率50%左右，自然植被分常绿季雨林、常绿阔叶林、竹林、灌丛、灌草丛、刺灌丛、草丛等；广大丘陵山地植被以散生马尾松、灌丛和灌草丛为主，还有部分人工林。按群落类型分类，主要有：

低山山顶中草群落：主要分布在海拔550～600米以上的山顶上，以茅草、鹧鸪草为主，覆盖度在80%左右。

低山丘陵松树—灌丛—芒萁群落：主要分布在600米以下的山坡和高丘陵区，以马尾松，桃金娘，岗松鸭脚木，芒萁为主，多种灌丛生长较好，覆盖度一般为80%～100%。

荒丘台地稀马尾松—稀灌丛—矮草群落：主要分布在村镇附近的丘陵台地，生长着稀疏的马尾松针叶林，在灌丛间混杂着茅草、芒草等矮草以及芒萁，植被覆盖度低。

果林群落：主要有荔枝、龙眼、橄榄、黄皮、杧果、甘蔗、香蕉、菠萝、梅等。

2.3 社会经济概况

（1）人口状况

龙岗河流域深圳集水区主要包括深圳市龙岗区的横岗街道、龙城街道、龙岗街道和坪地街道，以及坪山新区的坑梓街道等共5个街道。根据《龙岗区2015年国民经济和社会发展统计公报》《坪山新区2015年国民经济和社会发展统计公报》和统计年鉴等数据，2015年末龙岗河流域常住人口117.69万人，其中横岗街道常住人口最多，其次是龙城街道、龙岗街道、坑梓街道，坪地街道人口最少。

（2）经济状况

2015年，龙岗区地区生产总值2 636.79亿元，比上年增长10.5%。分产业看，第一产业增加值 0.21 亿元，比上年下降 18.6%；第二产业增加值 1 667.47 亿元，增长 12.4%；第三产业增加值 969.11 亿元，增长 7.0%。三次产业比例为 0.01：63.24：36.75。人均生产总值 130 929 元/人，比上年增长 7.6%。

2015 年，坪山新区实现生产总值 458.07 亿元，比上年增长 9.4%。第一产业增加值 0.46 亿元，同比下降 17.1%；第二产业增加值 305.68 亿元，同比增长 9.1%；第三产业增加值 151.93 亿元，同比增长 9.8%。三次产业结构为 0.10：66.73：33.17。人均生产总值 133 238 元，同比增长 3.6%。

2015 年，龙岗河流域生产总值 1 087.88 亿元。

（3）土地利用

根据深圳市土地利用数据，龙岗河流域用地类型包括建设用地、林地、城市绿地等 9 种用地类型，总面积为 302.13 平方公里。龙岗河流域建设用地面积为 121.2 平方公里，约占流域总面积的 40%，林地面积达 108.56 平方公里，约占流域总面积的 36%（表 2.4）。总体而言，龙岗河流域城市开发强度较大。

表 2.4　龙岗河流域土地利用分布情况汇总表

土地利用类型	所占面积（平方公里）	所占比例（%）
林地	108.56	35.93
城市绿地	24.96	8.26
农用地	8.27	2.74
湿地	1.54	0.51
建设用地	121.20	40.12
河流	1.54	0.51
湖库坑塘	8.48	2.81
裸土地	26.37	8.73
采石场	1.21	0.40
总计	302.13	100

2.4　水污染防治现状

2.4.1　污水处理设施

龙岗河流域内共建有水质净化厂 6 座，设计处理规模为 91 万吨/日，其中设计出水标准为一级A的处理规模为71万吨/日，一级B为20万吨/日（表2.5）。2015实际处理量为88.93万吨/日。

表2.5 龙岗河流域水质净化厂基本情况表

序号	设施名称	建成时间	处理工艺	处理规模（万吨/日）	出水标准
1	横岭水质净化厂（一期）	2005年	UCT	20	一级B
2	横岭水质净化厂（二期）	2011/11	改良 A^2-O	40	一级A
3	横岗水质净化厂（一期）	2003/9	SBR	10	一级A
4	横岗水质净化厂（二期）	2011/4	A^2-O	10	一级A
5	沙田水质净化厂	2012/4	改良 A^2-O	3	一级A
6	龙田水质净化厂	2002/6	A-O	8	一级A
	合计			91	

2.4.2 污水收集管网

截至2014年底，龙岗河流域共建成市政排水管网2 229.89公里（未包含城中村排水管线）。其中污水管网834.44公里，雨水管网844.7公里，合流管227.9公里，明渠总长154.82公里，排水箱涵总长168.03公里（表2.6）。

表2.6 龙岗河流域各街道排水管网汇总表

行政区	街道	雨水管网总长（公里）	合流管总长（公里）	明渠总长（公里）	箱涵总长（公里）	污水管网总长（公里）
龙岗区	横岗	143.94	72.87	27.63	19.50	114.13
	龙城	238.63	2.05	9.29	56.41	197.90
	龙岗	283.56	21.77	12.41	64.11	251.43
	坪地	95.67	7.81	51.99	28.01	138.66
	小计	761.8	104.5	101.32	168.03	702.12
坪山新区	坑梓	82.9	123.4	53.5	0	132.32
合计		844.7	227.9	154.82	168.03	834.44

横岗水质净化厂配套干管系统：横岗水质净化厂服务范围内污水经由大康河现状污水干管系统（d1000）、茂盛河-横坪路污水干管系统（d800～d1200）、深惠路污水干管系统（d800～d1200）收集后，由梧桐山河污水主干管系统（d1200～d1800）和二期污水干管工程污水主干管系统

（d1500～d1800）排入横岗水质净化厂。

横岭污水厂配套干管系统：横岭水质净化厂服务范围内龙岗河西侧片区污水经由龙翔大道—龙城路—内环路污水干管系统（d1200～d1650）、龙城路-新生路污水干管系统（d1350～d1650）、黄沙河污水干管系统（d1000～d1200）收集后排入龙岗河北岸污水主干管系统（d2200～d2400）；龙岗河东侧片区污水经由内环路污水干管系统（d1500～d1800）、南约河污水干管系统（d1200～d1650）、同乐河污水干管系统（d800～d1350）、丁山河污水干管系统（d800～d1800）收集后排入龙岗河南岸污水主干管系统（d2400～d2600），最后排入横岭水质净化厂。

龙田污水厂污水系统：锦绣西路以北、宝梓南路以西部分的污水，由东向西、由南向北汇入沿田坑水东侧规划新增的污水干管（d500～d1200）。田坑水西侧上游地块的污水因地势限制分成两个排水系统，沿河部分污水通过西岸污水干管输送至深汕公路处，向东穿过深汕公路接入田高水东侧污水干管；另一部分污水汇集至光祖北路～龙兴南路污水管，向北穿过深汕公路后接入田坑水西岸现状d1000污水干管。

沙田污水厂污水干管系统：宝梓南路以东、鸡笼山以北部分的污水，由南向北汇于丹梓路污水干管，由西向东排向沙田水质净化厂；鸡笼山以东、临惠路以北区域的污水通过锦绣东路～丹梓东路污水干管输送到沙田水质净化厂。

2.5 水质现状与历史趋势

2.5.1 水质现状及变化趋势

（1）干流

2011～2015年龙岗河干流主要污染物指标平均和最差水质指数见表2.7和表2.8。

从平均水质来看，龙岗河干流仅西坑、葫芦围2个断面主要水质指标的水质指数均小于1，达到地表水Ⅴ类标准。龙岗河干流5个断面，高锰酸盐指数和化学需氧量指数均小于1，水质优于地表水Ⅴ类标准；低山村、吓陂、西湖村3个断面氨氮和总磷指数大于1，水质劣于地表水Ⅴ类标准，其中西湖村断面氨氮超标最为严重，平均水质指数为3.24，低山村断面总磷超标最为严重，平均水质指数为1.68。

从最差水质来看，龙岗河干流仅西坑断面主要水质指标达到地表水V类标准，而吓陂断面主要水质指标均未达到地表水V类标准。吓陂断面高锰酸盐指数超标最为严重，水质指数为2.87；低山村断面化学需氧量、氨氮和总磷超标最为严重，其水质指数分别为2.23、9.90和8.18。

表 2.7 2011~2015 年龙岗河干流水质指标平均水质指数

断面名称	高锰酸盐指数	化学需氧量	氨氮	总磷
西坑	0.06	0.18	0.02	0.04
葫芦围	0.25	0.43	0.85	1.00
低山村	0.33	0.66	2.28	1.68
吓陂	0.44	0.45	1.64	1.10
西湖村	0.36	0.51	3.24	1.41

表 2.8 2011~2015 年龙岗河干流水质指标最差水质指数

断面名称	高锰酸盐指数	化学需氧量	氨氮	总磷
西坑	0.14	0.36	0.09	0.31
葫芦围	0.57	1.67	4.90	3.56
低山村	0.83	2.23	9.90	8.18
吓陂	2.87	1.06	5.73	5.87
西湖村	0.58	1.26	7.37	3.85

根据《地表水环境质量标准》（GB3838-2002），评价2011～2015年龙岗河主要指标平均水质和最差水质所属水质类别，评价结果见表2.9和表2.10。

从平均水质类别来看，高锰酸盐指数和化学需氧量均达到或优于Ⅳ类水质标准；西坑断面全部指标达到Ⅰ类水质标准；除西坑、葫芦围断面外，其余3个断面氨氮均劣于地表水V类标准；5个断面中，仅西坑断面总磷达标，其他断面均劣于地表水V类标准。

从最差水质类别来看，仅西坑断面全部指标达标，达到或优于Ⅲ类水质标准，而吓陂断面则主要水质指标均劣于地表水V类标准；除西坑断面外，其余4个断面化学需氧量、氨氮、总磷均劣于地表水V类标准。

表 2.9 2011~2015 年主要指标平均水质类别

断面名称	高锰酸盐指数	化学需氧量	氨氮	总磷
西坑	I	I	I	I
葫芦围	II	III	V	劣V
低山村	III	IV	劣V	劣V
吓陂	IV	III	劣V	劣V
西湖村	III	IV	劣V	劣V

表 2.10 2011~2015 年主要指标最差水质类别

断面名称	高锰酸盐指数	化学需氧量	氨氮	总磷
西坑	II	I	II	III
葫芦围	IV	劣V	劣V	劣V
低山村	V	劣V	劣V	劣V
吓陂	劣V	劣V	劣V	劣V
西湖村	IV	劣V	劣V	劣V

（2）支流

2011～2015 年龙岗河主要支流主要污染物指标平均和最差水质指数见表 2.11 和表 2.12。

从平均水质来看，除黄沙河深惠交界处断面外，其余断面高锰酸盐指数均达到地表水 V 类标准。除龙西河河口断面、南约河龙岗中心小学断面外，其余断面化学需氧量水质指数均大于1，均劣于地表水 V 类标准，其中黄沙河深惠交界处断面超标最为严重，其水质指数为6.88。所有断面氨氮和总磷水质指数均大于1，劣于地表水 V 类标准，其中大康河河口断面氨氮超标最为严重，其水质指数为6.20，黄沙河深惠交界处断面总磷超标最为严重，其水质指数为6.88。

从最差水质来看，仅大康河河口断面、龙西河河口断面、南约河龙岗中心小学断面高锰酸盐指数达标，其余均超标。黄沙河深惠交界处断面高锰酸盐指数、化学需氧量和总磷污染最为严重，污染指数分别为14.60、20.33和41.88，而大康河河口的氨氮污染最为严重，水质指数为6.20。

表 2.11 2011~2015 年龙岗河支流水质指标平均水质指数

支流名称	断面名称	高锰酸盐指数	化学需氧量	氨氮	总磷
黄沙河	深惠交界处	1.77	4.32	5.92	6.88
	汇入龙岗河前桥下	0.55	1.29	4.40	2.56

支流名称	断面名称	高锰酸盐指数	化学需氧量	氨氮	总磷
丁山河	南坑东径桥	0.61	1.47	4.74	3.86
	汇入龙岗河前	0.55	1.16	4.81	2.20
杭梓河	深惠交界处	0.89	2.06	3.29	3.19
大康河	河口	0.55	1.54	6.20	3.15
龙西河	河口	0.44	0.88	3.29	1.30
南纳河	龙岗中心小学	0.47	0.96	4.36	3.01
同乐河	同乐菜场	0.62	1.35	4.01	3.14
梧桐山河	敬老院桥	0.44	1.30	2.56	1.88

表 2.12 2011~2015 年龙岗河支流水质指标最差水质指数

支流名称	断面名称	高锰酸盐指数	化学需氧量	氨氮	总磷
黄沙河	深惠交界处	14.60	20.33	17.20	41.88
	汇入龙岗河前桥下	2.39	6.77	10.65	25.20
丁山河	南坑东径桥	1.73	4.40	17.45	20.15
	汇入龙岗河前	1.07	2.77	11.71	8.74
杭梓河	深惠交界处	14.00	18.87	11.20	13.48
大康河	河口	1.00	4.00	18.50	11.03
龙西河	河口	0.91	3.33	9.13	2.53
南纳河	龙岗中心小学	0.93	2.80	14.89	23.43
同乐河	同乐菜场	1.31	2.98	9.25	6.38
梧桐山河	敬老院桥	1.29	5.00	4.90	5.73

　　根据《地表水环境质量标准》(GB3838-2002)，评价 2011~2015 年龙岗河支流主要指标平均水质和最差水质所属水质类别，评价结果见表 2.13 和表 2.14。

　　从平均水质类别来看，龙岗河支流 10 个断面水质未达到地表水 V 类标准。除了黄沙河深惠交界处断面外，其他断面高锰酸盐指数均达到地表水 V 类标准。除了龙西河河口断面和南约河龙岗中心小学断面外，其他断面均未达到地表水 V 类标准；所有监测断面氨氮和总磷均劣于地表水 V 类标准。

　　从最差水质类别来看，龙岗河支流 10 个断面水质未达到地表水 V 类标准。仅大康河河口断面、龙西河河口断面、南约河龙岗中心小学断面高锰酸盐指数达到地表水Ⅴ类标准，所用断面化学需氧量、氨氮和总磷均劣于地表水Ⅴ类标准。

表2.13　2011~2015年龙岗河支流水质指标平均水质指数

支流名称	断面名称	高锰酸盐指数	化学需氧量	氨氮	总磷
黄沙河	深惠交界处	劣Ⅴ	劣Ⅴ	劣Ⅴ	劣Ⅴ
	汇入龙岗河前桥下	Ⅳ	劣Ⅴ	劣Ⅴ	劣Ⅴ
丁山河	南坑东径桥	Ⅳ	劣Ⅴ	劣Ⅴ	劣Ⅴ
	汇入龙岗河前	Ⅳ	劣Ⅴ	劣Ⅴ	劣Ⅴ
杶梓河	深惠交界处	Ⅴ	劣Ⅴ	劣Ⅴ	劣Ⅴ
大康河	河口	Ⅳ	劣Ⅴ	劣Ⅴ	劣Ⅴ
龙西河	河口	Ⅳ	Ⅴ	劣Ⅴ	劣Ⅴ
南纳河	龙岗中心小学	Ⅳ	Ⅴ	劣Ⅴ	劣Ⅴ
同乐河	同乐菜场	Ⅴ	劣Ⅴ	劣Ⅴ	劣Ⅴ
梧桐山河	敬老院桥	Ⅳ	劣Ⅴ	劣Ⅴ	劣Ⅴ

表2.14　2011~2015年龙岗河支流水质指标最差水质指数

支流名称	断面名称	高锰酸盐指数	化学需氧量	氨氮	总磷
黄沙河	深惠交界处	劣Ⅴ	劣Ⅴ	劣Ⅴ	劣Ⅴ
	汇入龙岗河前桥下	劣Ⅴ	劣Ⅴ	劣Ⅴ	劣Ⅴ
丁山河	南坑东径桥	劣Ⅴ	劣Ⅴ	劣Ⅴ	劣Ⅴ
	汇入龙岗河前	劣Ⅴ	劣Ⅴ	劣Ⅴ	劣Ⅴ
杶梓河	深惠交界处	劣Ⅴ	劣Ⅴ	劣Ⅴ	劣Ⅴ
大康河	河口	Ⅴ	劣Ⅴ	劣Ⅴ	劣Ⅴ
龙西河	河口	Ⅴ	劣Ⅴ	劣Ⅴ	劣Ⅴ
南纳河	龙岗中心小学	Ⅴ	劣Ⅴ	劣Ⅴ	劣Ⅴ
同乐河	同乐菜场	劣Ⅴ	劣Ⅴ	劣Ⅴ	劣Ⅴ
梧桐山河	敬老院桥	劣Ⅴ	劣Ⅴ	劣Ⅴ	劣Ⅴ

2.5.2　交接断面水质分析

（1）交接断面水质现状分析

2015年龙岗河西湖村断面水质劣于地表水Ⅴ类标准，与省考核地表水Ⅴ类目标仍有较大差距，与地表水Ⅲ类的功能区划要求差距巨大（表2.15）。

表 2.15 2015 年龙岗河西湖村考核断面水质现状

考核断面	水域功能	考核要求	年平均水质类别	最差月水质类别
西湖村	Ⅲ	Ⅴ	劣Ⅴ	劣Ⅴ

　　从2015年西湖村断面各主要水质指标变化趋势来看，化学需氧量全年优于地表水Ⅴ类标准，最大值出现在7月，为26.95毫克/升，最小值出现在12月，为7.7毫克/升，全年平均浓度为17.4毫克/升。氨氮全年劣于地表水Ⅴ类标准，最大值出现在7月，为7.86毫克/升，最小值出现在12月，为3.75毫克/升，全年平均浓度为5.36毫克/升。总磷全年劣于地表水Ⅴ类标准，最大值出现在7月，为0.944毫克/升，最小值出现在2月、11月，均为0.339毫克/升，全年平均浓度为0.583毫克/升。总体而言，丰水期西湖村断面氨氮和总磷浓度要高于枯水期，说明流域受雨季面源污染影响仍较大（图2.1～图2.3）。

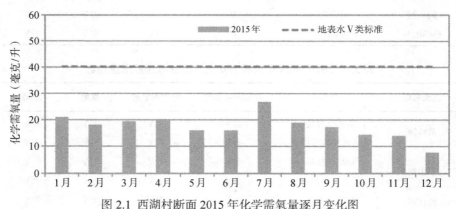

图 2.1 西湖村断面 2015 年化学需氧量逐月变化图

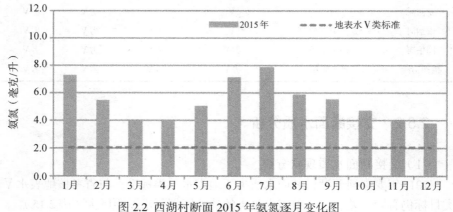

图 2.2 西湖村断面 2015 年氨氮逐月变化图

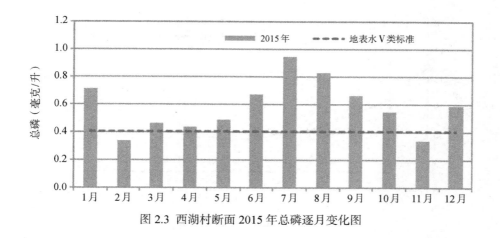

图 2.3 西湖村断面 2015 年总磷逐月变化图

（2）交接断面水质变化趋势状分析

西湖村交接断面主要指标 2011～2015 年变化趋势如图 2.4～图 2.6 所示。

西湖村断面 2011～2015 年化学需氧量、氨氮浓度均呈先下降后上升再下降的趋势，2013 年达到最低值，但总体上化学需氧量较为稳定，氨氮整体呈下降趋势；总磷呈先下降后缓慢上升趋势，2013 年达到最低值，2014年、2015 年有所反弹。

总体而言，近 5 年西湖村断面化学需氧量基本保持优于地表水 V 类标准，仅在 2011 年、2012 年和 2014 年有少数月份浓度超过 V 类标准；氨氮均劣于地表水 V 类标准；总磷在 2012～2015 年有少数月份达到地表水 V 类标准，但年均值均劣于地表水 V 类标准。

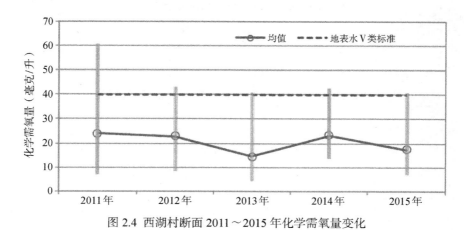

图 2.4 西湖村断面 2011～2015 年化学需氧量变化

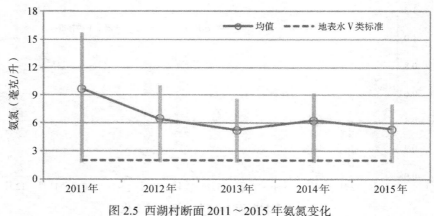

图 2.5　西湖村断面 2011～2015 年氨氮变化

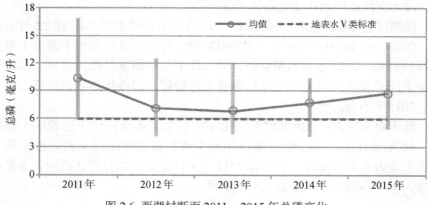

图 2.6　西湖村断面 2011～2015 年总磷变化

第 3 章　流域径流规律及影响因素研究

3.1　流域产汇流模型构建

3.1.1　模型比选

开展高度集约开发模式对流域降雨产汇流影响研究，首先需甄选一种适合龙岗河流域的水文模型工具，考虑到集总式流域水文模型忽视了降雨和下垫面条件的空间分布不均匀性等问题，本文将优先选择分布式水文模型。

（1）分布式水文模型比选

20世纪70年代之后，国内外水文学家提出了众多分布式流域水文模型。分布式水文模型由Freeze和Harlan于1969年首次提出，模型用严格的数学物理方程表达水循环各子过程，参数和变量充分考虑空间变异性，可模拟降水在流域内部的运动规律和局部水文响应过程。目前，分布式水文模型的种类已经有很多，如：SWAT，MIKE-SHE，IDHM，TOPMODEL，TOPIKAPI，HEC-HMS等。由于模型开发所依赖的数据基础条件、模型结构原理，及模型开发的目标对象不同，各模型在功能和适用范围等方面均有一定优势及局限性。

1995年，由英国、丹麦和法国共同研制出的SHE模型是最早的分布式水文模型的代表。但由于模型结构较为复杂，对数据的要求较高等原因，同时该模型不开源，二次开发难度高，并且购买价格高昂，对模型应用造成一定局限。

英国水文研究所研制的IHDM模型，模拟冠层截留和蒸散发、坡面流和河道流、止壤水流动，流域被划分为若干跌落式河道和代表坡面，其水流运动单独模拟，比较适用于小流域暴雨流量模拟。

BEVENH和KIRBBY在1977年提出TOPMODEL模型，TOPMODEL模型以变源产流为基础，利用DEM推导的地形指数来反映下垫面情况对水文循环过程的影响，由于TOPMODEL模型并未考虑降水及蒸发等水文气象因素的空间分布对于汇流的影响，因此，并不是严格意义上的分布式水文模型。

TOPIKAPI模型由欧洲委员会和西班牙政府资助联合开发，模拟蒸散发、融雪、止壤水、地下水、地表水和河道水，可应用到大空间尺度流域长期连续径流模拟，在无资料流域地区的极值分析、路面水文过程模拟方面应用较多。

HEC-HMS模型由美国水文工程中心（HEC）研制，主要用于树状流域，充分考虑了流域下垫面和气候因素的时空差异，可用于模拟场次洪水及长期连续径流，多用于降雨-径流模拟、洪水预报、城市管网排水、水库设计、洪灾减少分析等。

1994年，Jeff Arnold为美国农业部开发的SWAT模型具有很强的物理机制，根据遥感和地理信息系统提供的空间信息，可模拟大流域复杂水文物理过程，能够反映降水、气温等气象条件及下垫面变化对流域水文循环的影响。

综合比较各模型优缺点，考虑到流域尺度、研究主题以及本地适用性等因素，SWAT模型更适用于本文，关于SWAT模型的适用性分析见表3.1。

表 3.1 分布式模型对比分析

模型名称	简介	优点	局限性
MIKE-SHE	基于物理过程的分布式水文模型的典型代表，能够清晰地描述完整的地表水-地下水文过程	应用于龙岗河流域的模拟中优势体现在：模拟精度高，用户界面方便，易操作	由于模型不开源，价格昂贵，本次研究优先考虑免费模型平台
TOPMODEL	以变源产流为基础，利用DEM推导的地形指数来反映下垫面情况对水文循环过程的影响	模型各参数具有物理意义，能够量化龙岗河流域的流域特征，并且本研究中缺乏某时段的流量数据，该模型能用于无资料流域的产汇流计算	龙岗河流域土地利用类型丰富，因此，蒸发数据在空间上差异性较大，但该模型未考虑蒸发的空间分布对流域产汇流的影响

续表

模型名称	简介	优点	局限性
IHDM	英国水文研究所研制，模拟冠层截留和蒸散发、坡面流和河道流、止壤水流动	运用该模型能够将龙岗河流域划分为若干跌落式河道和代表坡面，反映龙岗河流域的空间特征，并且可将水流运动单独模拟，提高效率	本次龙岗河流域需要模拟长序列降雨产流过程，而该模型多用于单次暴雨流量模拟
TOPIKAPI	由欧洲委员会和西班牙政府资助联合开发，模拟蒸散发、融雪、止壤水、地下水、地表水和河道水	该模型可模拟长序列连续径流过程，与本次龙岗河流域的研究主题较契合	在路面水文过程模拟方面的研究较多，而本研究涉及的模拟场景为完整的自然流域
HEC-HMS	美国水文工程中心（HEC）研制，主要用于树状流域，充分考虑了流域下垫面和气候因素的时空差异，可用于模拟场次洪水及长期连续径流	该模型可模拟长序列连续径流过程，与本次龙岗河流域的研究主题较契合	但多用于洪水预报、城市管网排水、水库设计、洪灾减少分析等方向，而本文研究目标是探究龙岗流域径流过程对土地利用变化的响应
SWAT	SWAT 为美国农业部开发，是一个分布式物理水文模型，模型的计算涉及降雨、下渗、地表径流、地下水计算、河道汇流计算的各个过程	模型参数具备物理意义，能够反映龙岗河流域的流域特征，可用于长序列连续的径流模拟，与本次研究主题契合，在土地利于变化对径流影响的研究方向上已有较多成果，能够为本文的研究提供丰富的支撑	涉及的资料和数据众多且精度要求较高，为本次数据收集工作增加较多负担

（2）SWAT模型适用性分析

首先，SWAT模型是具有较强物理机制的分布式水文模型，常用于流域模拟变化环境下的水文响应，已经在亚洲、欧洲、大洋洲、美洲等很多地区得到应用，其研究涉及不同流域尺度，Govender 和 Everson 在非洲南部一个面积为0.68平方公里的小流域进行径流模拟，得到了较好的模拟结果。Chu 和 Shirmohammadi 在马里兰33.4平方公里的流域，通过预测地表径流和潜流评价了SWAT模型的适用性。Arnold 和 Allen 在美国伊利诺伊州的三个流域（122～246平方公里）利用实测数据验证了SWAT模型在模拟地表径流、地下径流、地表水蒸散发、土壤水蒸散发、补偿流等方面的有效性。Rosenthal 和 Hoffman 在美国得克萨斯州中部 9 000 平方公里的流域，利用 SWAT 模型成功对该区进行了流域径流及泥沙模拟。国内方面，解国荣的 "SWAT 模型在小流域水土保持减流减沙效益评价中的应用研究" 中是以郝台子小流域为分析对象，该流域面积约 41 平方公里，王文章在 "基于 SWAT 模型的古蔺河流域面源污染模拟研究" 中，模拟的流域面积为 965 平方公里，刘卫林的 "基于 SUFI-2 算法的 SWAT 模型在抚河临水流域径流模拟中的应用" 中抚河临水流域的面积为 5 151 平方公里，熊翰林的 "赣江流域径流对气候变化的响应" 中模拟的流域面积为 8.35 万平方公里（图 3.1）。本文研究的龙岗河流域，其流域面积为 297 平方公里，运用 SWAT 模型作为本次研究的主要工具在流域尺度上是适用的。

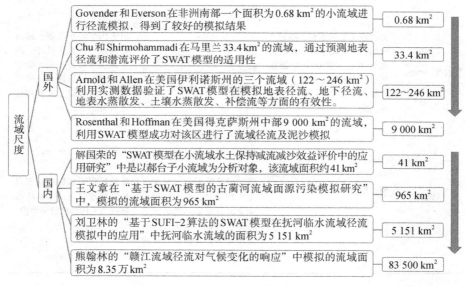

图 3.1 SWAT 模型在流域尺度适用性分析结果

其次，SWAT 模型有水文物理意义做支撑，能够较全面地反映下垫面的物理特征，因此在探讨土地利用变化对流域水文情势的影响的研究中 SWAT 模型应用广泛，Schilling 等用 SWAT 模型评估了未来土地利用变化对爱荷华州中西部 Raccoon 河流域年度和季节水量平衡的潜在影响。Fohrer 等发现地表径流对土地利用变化最为敏感。Hernandez 等认为 SWAT 模型可以很好地反映土地覆被变化条件下的多年降水—径流关系。Weber 和 Lenhart 等分别在德国 Aar 河流域和 Dill 河流域应用 SWAT 模型对不同的土地利用情景下的水文过程进行了模拟。国内，庞靖鹏等在密云水库流域，运用SWAT模型模拟流域20世纪90年代初、中、末三期土地利用下的径流，研究发现土地利用变化对产流和产沙产生了显著的影响。陈军锋等在长江上游梭磨河流域，应用SWAT模型定量评估流域土地利用变化对径流、蒸发和洪峰流量的影响。王学等在白马河流域构建了SWAT模型，分析不同土地利用情景下流域径流的响应，并计算了流域主要土地利用类型对径流深的贡献系数（表3.2）。因此，从研究主题的角度上讲SWAT模型适用于本文的研究内容。

表 3.2 SWAT 模型研究内容总结结果

	研究人	研究内容
国外	Schilling 等	用 SWAT 模型评估了未来土地利用变化对爱荷华州中西部 Raccoon 河流域年度和季节水量平衡的潜在影响
	Fohrer 等	在 SWAT 模型的研究中发现地表径流对土地利用变化最为敏感
	Hernandez 等	认为 SWAT 模型可以很好地反映土地覆被变化条件下的多年降水—径流关系
	Weber 等	在德国 Aar 河流域和 Dill 河流域应用 SWAT 模型对不同的土地利用情景下的水文过程进行了模拟，得到较理想的结果
国内	庞靖鹏等	在密云水库流域，运用 SWAT 模型模拟流域 20 世纪 90 年代初、中、末三期土地利用下的径流，研究发现土地利用变化对产流和产沙产生了显著的影响
	陈军锋等	在长江上游梭磨河流域，应用 SWAT 模型定量评估流域土地利用变化对径流、蒸发和洪峰流量的影响
	王学等	在白马河流域构建了 SWAT 模型，分析不同土地利用情景下流域径流的响应，并计算了流域主要土地利用类型对径流深的贡献系数

最后，深圳作为城市化高速发展的典型代表，经三十多年的快速发展，不透水面积由8%左右上升至30%以上，SAWT模型在深圳本地的应用也有相关案例，如魏冲等运用改进的SWAT模型分析石岩流域土地利用类型变化对流域径流的影响，郑璟等利用SWAT模型对深圳布吉河流域的水文过程对土地利用变化的响应；同时，与深圳相似，具备一定城市化特定流域中，SWAT模型应用广泛，如刘彩云等运用SWAT模型模拟太平江流域的径流量，该流域不透水面积达20%，马海燕等将SWAT模型应用在大安市区域，模拟的流域不透水面积达25%。

综上所述，无论是从流域尺度上还是研究方向上，或是本地适用性（或与深圳市类似的城镇化流域），SWAT模型均有大量相似的应用案例和丰富的研究成果，因此，本文选择SWAT模型具备一定的适应性。

（3）SWAT模型简介

SWAT模型模拟过程可以分成两个部分：亚流域模块（负责产流和坡面汇流）和汇流演算模块（负责河道汇流）。前者控制着每个亚流域主河道的水、沙、营养物质和化学物质等的输入量；后者决定水、沙等物质从河网向流域出口的输移运动。

模型按不同的土地利用方式和土壤类型将研究区域分成若干不同的亚流域，以便比较各小流域水量和污染物流失的时空变化规律。在此基础上，再在每个亚流域内进一步划分水文响应单元（HRUs），HRU以非空间方式模拟，即以在某一亚流域中土地利用和土壤协同变化特征的概率分布来表征。模型在各个HRU上独立运行，结果在亚流域出口汇总。为方便输入参数，亚流域模块可分成8个组件：水文、气象、泥沙、土壤温度、作物生长、营养物、农药/杀虫剂和农业管理。

该模型包括河道汇流演算和蓄水体（水库、池塘/湿地）汇流演算两大部分：① 河道汇流演算：模型用变动存储系数法或Muskingum法来进行河道水流演算，具体可参看动力波洪水演算模型。流量和流速用Manning公式来计算，且考虑了传输损失、蒸发损耗、分流、回归流等情况。泥沙运移演算由沉积和降解两过程同时组成，降解部分可通过修正后的Bagnold水流动力方程计算；② 蓄水体汇流演算：蓄水体水量平衡方程主要涉及入流量、出流量、降雨量、蒸发量和渗漏量。其中，计算出流方法有4种以供选择：① 实测日出流数据；② 观测每月总出流数据取平均值；③ 对不加控制的小型蓄水体，在平均年释放率基础上分情况讨论；④ 对于有专门管理的大型蓄水体，需要制定一个月调控目标值。

SWAT计算涉及：地表径流、土壤水、地下水、河道和蓄水体汇流。其结构框图如图3.2所示。

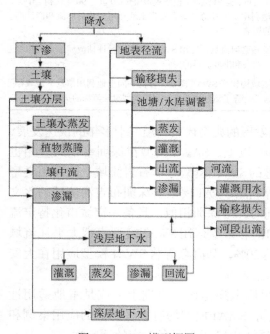

图 3.2 SWAT 模型框图

（4）模型的构建及应用

拟采用SWAT模型结合龙岗河流域DEM建立分布式产流汇流数学模型，计算在不同降雨情况下的龙岗河流域面上径流量分布。根据龙岗河流域降雨径流、地形地貌等特征，采用实际监测数据，结合流域历年的水文气象资料，构建基于SWAT模型的龙岗河流域产汇流计算模型，计算龙岗河对应于不同频率降雨产生的径流量。首先，对流域基本特征，包括气候、洪水、地貌、地质、植被等进行了解分析，为建模做基础准备。然后，采用实际监测资料，结合龙岗河流域历史水文气象资料，采用水文分析法或数学最优化方法确定模型参数，这个过程的重点是确定一组模型参数，既能较好地模拟、反演历史水文事件，又能稳定、可靠地预测未来的水文事件。参数率定完成之后，还要采用实测的监测数据对确定的模型参数进行模拟计算，比较计算与实测流量的误差，分析检验模型结构和确定参数的合理性与所选结构对流量模拟的有效性。如果通过比较分析误差系列，模型模拟效果好，则说明结构合理有效，建模就结束，否则要分析效果差的原因，找出不合理的结构加以改进；如果效果很不满意，还应考虑重新选择模型（表3.3）。

表3.3　SWAT 模型研究内容总结结果

数据类型		参数	数据来源
图数据	DEM	高程、坡面和河道的坡度、坡长、坡向	数字化地形图
	土地覆盖/利用图	叶面积指数、植被根深、径流曲线数、冠层高度、曼宁系数	遥感影像解译
	土壤类型图	密度、饱和水传导率、持水率、颗粒含量、根系深度	数字化土壤图
表数据	气象数据	最高最低气温、日降水量、相对湿度、太阳辐射、风速	气象站点观测
	水文数据	日流量、月流量等	水文站点资料
	土地管理信息	耕作方式、植被类型、灌溉方式、施肥时间和数量等	现场调查或有关部门统计

模型构建步骤如下：

1）建立龙岗河流域数值高程模型DEM，识别流域边界和河流水系；

2）基于DEM对龙岗河流域进行单元划分；

3）研制龙岗河流域SWAT模型，模拟龙岗河流域降水-径流过程；

4）利用流域控制断面实测降雨径流数据率定模型参数并验证模型计算精度；

5）计算不同土地利用情况下的龙岗河流域不同单元上的径流量；

6）研究分析高度集约开发对流域产汇流的影响。

龙岗河流域 SWAT 模型构建过程示意图见图 3.3。

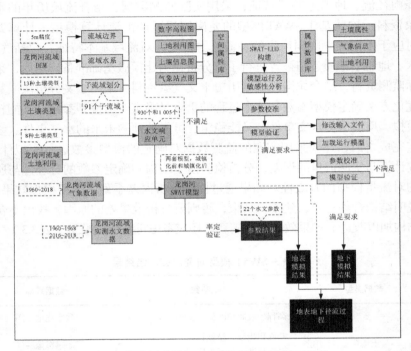

图 3.3 龙岗河流域 SWAT 模型构建过程示意图

本文运用 SWAT 模型模拟龙岗河流域地表部分的水文过程，考虑到保持与地表水模型一致、便于地表水地下水耦合以及数据交互简单等因素，本文引用南方科技大学孙晓玲博士开发了的 SWAT-LUD 模型模拟计算地下水部分。

3.1.2 地表水模型构建

3.1.2.1 SWAT 模型基本原理

SWAT 模型是 1995 年由美国农业部研发的分布式水文模型，模型是在 SWRBB 模型的基础上建立的，并结合了 CREAMS、GLEAMS、EPIC、ROTO 等多个模型的特点，具有较好的物理基础，模型包含 701 个方程与 1 013 个中间变量，它能够利用 GIS 和 RS 提供的空间信息对流域进行离散化，用于模拟不同的土壤、土地利用类型下的水分运动、泥沙输移、化学物质循环过程等多个水文物理过程；可以预测降雨等气候变化以及人类活动等对上述水文过程的影响。

SWAT模拟的流域水文过程分为两大部分：一个是产流和坡面汇流部分（图3.4），它控制着每个流域内主河道的水文、泥沙、营养物质等的输入量；另一部分是河道汇流部分，它决定着水、沙、营养物质等从河网向流域出口的输移过程。

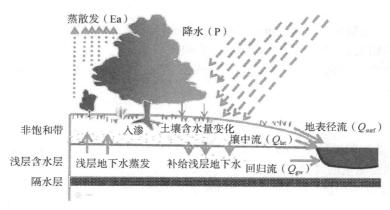

图3.4 SWAT模型子流域水文循环过程

SWAT模型在进行模拟时充分考虑了流域下垫面的空间异质性，首先根据DEM把流域离散化为一定数目的子流域，从而减少下垫面和气候因素的时空差异对模型的影响，然后根据土地利用类型和土壤类型将每一个子流域再划分为多个水文响应单元HRU（Hydrologic Response Units）。HRU作为子流域内的最基本的空间单元，是有着单一土地利用类型和土壤类型的区域。每一个HRU内的水平衡是基于降水、地表径流、蒸散、壤中流、渗透、地下水回流和河道运移损失来计算的，基本表达式如下：

$$SW_t = SW_0 + \sum_{i=1}^{t} (R_{day} - Q_{surf} - E - W_{seep} - Q_{gw}) \qquad (3-1)$$

其中，SW_t是土壤末期含水量，mm；SW_0是土壤初始含水量，mm；t是时间步长，天；R_{day}，Q_{surf}，E，W_{seep}，Q_{gw}是第i天的降雨量，地表径流量，蒸发量，存在于土壤剖面底层的渗透量和侧流量和地下水含量。

每个水文响应单元独立计算水分循环的各个部分及其定量的转化关系，然后在流域总出口进行汇总演算。

（1）地表径流

计算地表径流一般采用SCS径流曲线数法。SCS径流方程是20世纪50年代普遍使用的经验模型，是美国农村小流域降雨—径流关系20多年研究的成果。SCS曲线数模型将土地利用和管理措施、土壤类型和径流量联系在一起。该模型为估算各种土地利用和土壤类型下的径流量提供了基础。

SCS曲线数学方程为

$$S = 25.4 \left(\frac{1\,000}{CN} - 10 \right) \tag{3-2}$$

式中，S为最大滞留量，mm；最大滞留量与土壤、土地利用、管理措施和坡度等相关；CN（Curve Number）为曲线系数。

模型开发者通过大量的资料分析，建立了I_a与最大滞留量S的经验关系：

$$I_a = 0.2S \tag{3-3}$$

式中，I_a为初损量，mm，包括产流前的地面填洼量、植物截留量和下渗量。

则径流量的计算公式为

$$Q_{surf} = \frac{(R_{day} - 0.2S)^2}{(R_{day} + 0.8S)} \tag{3-4}$$

（2）潜在蒸散发

SWAT模型中土壤水分蒸散发主要包括潜在蒸散发和实际蒸散发的计算，计算潜在蒸发能力有3种方法，包括Penman-Monteith法、Priestley-Taylor法、与Hargreaves法。Penman-Monteith法需要日太阳辐射、日气温、日风速以及日相对湿度的值作为输入数据。Penman-Monteith 计算公式如下：

$$\lambda E = \frac{\Delta \cdot (H_{net} - G) + \rho_{air} \cdot c_{p(e_z^0 - e_z)}/r_a}{\Delta + r \cdot (1 + r_c/r_a)} \tag{3-5}$$

式中，λE为潜热通量密度，MJ/（m^2·d）；t为蒸发率，mm/d；Δ为饱和水汽压–温度关系曲线的斜率；H_{net}为净辐射量，MJ/（m^2·d）；G为到达地面的热通量密度，MJ/（m^2·d）；ρ_{air}为空气密度，kg/m^3；c_p为恒压下的特定热量，MJ/kg·℃；e_z^0为在z高度的饱和水汽压，kPa；e_z为高度z处的水汽压，kPa；r为湿度计算常数，kPa/℃；r_c为植物冠层的阻抗，s/m；r_a为空气层的扩散阻抗，s/m。

（3）实际蒸散发

实际蒸散发计算时，模型先从冠层截留量开始计算，并尽可能多的蒸发冠层截留量。当冠层持水量大于潜在蒸散发量时，冠层蒸散发计算公式如下：

$$E_a = E_O \qquad (3\text{-}6)$$

$$R_{INT(f)} = R_{INT(i)} - E_O \qquad (3\text{-}7)$$

当冠层持水量小于潜在蒸散发量时，冠层蒸散发计算公式如下：

$$E_a = R_{INT(i)} \qquad (3\text{-}8)$$

$$R_{INT(f)} = 0 \qquad (3\text{-}9)$$

式中，E_a 为实际蒸散发量，mm；E_O 为潜在蒸散发量，mm；$R_{INT(f)}$ 为冠层最终持水量，mm；$R_{INT(i)}$ 为某天冠层持水量，mm。

当运用 Priestley-Taylor 法与 Hargreaves 法计算潜在蒸散发时，蒸散量的计算式如下：

$$E_t = \frac{E_O' \cdot LAI}{3} \qquad 0 \leqslant LAI \leqslant 3 \qquad (3\text{-}10)$$

$$E_t = E_O' \cdot LAI > 3 \qquad (3\text{-}11)$$

式中，E_t 为最大蒸散发量，mm；E_O' 为考虑冠层蒸散发后的潜在蒸散发量，mm；LAI 为叶面积指数。

土壤蒸散发方程式如下：

$$E_{soil,ly} = E_{soil,zi} - E_{soil,zu} \cdot esco \qquad (3\text{-}12)$$

式中，$E_{soil,ly}$ 为 ly 层土壤蒸发需水量，mm；$E_{soil,zi}$ 为该土壤层下边界处的蒸发需水量，mm；$E_{soil,zu}$ 为该土壤层上边界处的蒸散发需水量，mm；$esco$ 表示土壤蒸发补偿系数。

（4）入渗

如果土壤剖面中某层的含水量超过其田间持水量，且下层未饱和时，水分将会向下入渗，从上层渗透到下层的水量用存储演算方法计算，土壤各层渗透量计算方程式为：

$$wp_{erc,ly} = (sw_{ly} - FC_{ly}) \times \left[1 - \exp\left(\frac{-\Delta t \times K_{sat}}{SAT_{ly} - FC_{ly}} \right) \right] \qquad (3\text{-}13)$$

式中，$wp_{erc,ly}$ 为某天渗透到下土层的水量，mm/d；sw_{ly} 为某天土壤层的含水量，mm；FC_{ly} 为某天土壤层的田间持水量，mm；Δt 为时间步长，h；K_{sat} 为饱和土壤渗透系数，mm/h；SAT_{ly} 为土壤层的饱和含水量，mm。

（5）地下水

SWAT模型中的地下水指的是浅层地下水转化为河流产流量。浅层地下水的水量平衡方程为：

$$Q_{gw,i} = Q_{gw,i-1} \cdot \exp(-a_{gw} \cdot \Delta t) + w_{rchrg,sh}[1 - \exp(-a_{gw} \cdot \Delta t)] \tag{3-14}$$

$$a_{gw} = \frac{2.3}{BFD} \tag{3-15}$$

式中，$Q_{gw,i}$ 为第 i 天进入主河道的地下水径流量，mm；$Q_{gw,i-1}$ 为第 $i-1$ 天进入主河道的地下水径流量，mm；a_{gw} 为基流的退水常数；Δt 为时间步长，即1天；$w_{rchrg,sh}$ 为第 i 天浅层含水层的补给量，mm；BFD 为流域基流天数。

3.1.2.2 SWAT 模型数据准备与预处理

1. 数据准备

（1）空间属性数据

收集到的空间数据包括龙岗河流域DEM（5米分辨率）；1980～2015年7期土地利用数据（间隔5年一期）；深圳市土壤数据（1:10万）；基于研究区地势较为平坦，由SWAT模型自动提取的河网与实际情况存在偏差，本研究还收集了流域矢量水系图，以便对模型提取的水系图进行校正，使其更加符合水系实际情况。

（2）气象水文数据

深圳站1960～2016年的逐日气象资料（平均风速、日照时数、平均气压、平均、日最高最低气温、平均相对湿度、日降雨等）。

大康、坑梓、龙岗、龙岗基地、坪地等站1960～2016年的逐日气象资料（平均风速、日照时数、平均气压、平均、日最高最低气温、平均相对湿度、日降雨等）。

清林径水库站1960～2013年实测日降雨序列；黄龙湖水库站1960～2016年实测日降雨序列；三洲田水库站1961～2010年实测日雨量序列；大康、坑梓、龙岗、龙岗基地、坪地等站2006～2018年实测日雨量序列。

用于模型参数率定与验证的水文资料（1961～1968年、2016～2018年吓陂水文站逐日平均流量过程）（表3.4）。

表 3.4　数据准备

数据类型	数据属性	精度
DEM	提取高程、坡度、坡长	5 米
土地利用数据	1980～2015 年 7 期的土地利用类型信息	30 米
土壤类型图	土壤分类及其理化数据	1:10 万
龙岗河流域水系图	校正 dem 生成的河流，为模型提供实际的水系数据	矢量
气象数据	平均风速、日照时数、平均气压、平均、日最高最低气温、平均相对湿度、日降雨(深圳站)	逐日（1960～2016）
	平均风速、日照时数、平均气压、平均、日最高最低气温、平均相对湿度、日降雨（大康、坑梓、龙岗、龙岗基地、坪地）	逐日（2016～2018）
	日降雨数据（清林径水库站）	逐日（1960～2013）
	日降雨数据（黄龙湖水库站）	逐日（1960～2016）
	日降雨数据（三洲田水库站）	逐日（1961～2010）
	日降雨数据（大康、坑梓、龙岗、龙岗基地、坪地）	逐日（2006～2018）
水文	流量数据（吓陂站）	逐日（1961～1968、2016～2018）

2. 数据处理

（1）投影转换

SWAT 模型需要较多空间数据，并可以同时支持栅格与矢量数据。本研究收集到的数字高程（DEM）、遥感图像、土壤数据为栅格数据，土地利用类型为矢量数据。用于模型输入的空间数据必须具有投影坐标系，其单位为长度单位，即需要将各图层统一转换到同一投影坐标系下。本研究使用 Web Mercator 投影坐标系。该坐标系基准面为 WGS 1984，采用 EPSG 伪墨卡托投影方法，是 Web 地图领域被广泛利用的投影坐标系。利用 ArcGIS 工具将 DEM、土地利用图与土壤图均转换到 Web Mercator 投影坐标系。

（2）子流域建立

SWAT 模型的流域概化模块可根据 DEM 自动生成河网、流向与子流域。基于本研究区地势较为平坦，完全由 SWAT 模型自动提取的河网与实际情况存在一定偏差。为得到符合实际情况的河网与子流域，本研究采用模型提取与手动调整相结合的方式进行子流域生成。结合龙岗河流域水系图绘制河道输入模型，以实际河道为依托对 DEM 进行分析，进而生成流向与子流域，再根据实际情况对子流域进行手动调整，得到切合实际的河网与子流域图层。

本次流域概化范围为龙岗河流域整体，流域跨越深圳、惠州二市，并以西湖村断面作为流域出口。本研究构建SWAT模型以求还原龙岗河流域天然水文过程，故在流域概化过程中忽略水库因素，均作为河道进行处理。流域概化共得到91条河段与91个子汇水区（图3.5）。

图 3.5 河流概化与子流域划分

（3）水库概化

本研究区域内水库居多，大部分属小（1）、小（2）型，包括3座中型水库和34座小型水库，水库概化需要收集水位库容关系、水位面积关系及水库出入库流量数据等，现已将水库概化到本次SWAT模型内，水库概化分布见图3.6。

图 3.6 水库概化分布图

（4）土地利用数据处理

土地利用类型是构建SWAT模型中的基础单元——水文响应单元HRU的重要依据，是对模拟结果影响较大的因素，同时也是计算流域生态需水量的基础。本次得到的实测水文过程为1961～1968年和2016～2018年吓陂站流量过程，应选择与之对应的土地利用数据作为模型输入。

考虑到数据获取难度与后续工作的灵活性，本研究选择遥感影像作为土地利用图层的来源。通过对遥感影像中土地利用类型的判别，对影像进行分类解译，可以得到不同时期土地利用情况。本次采用地理空间数据云平台提供的LANDSAT影像，该系列卫星影像序列自1972年开始，基本覆盖研究区域城市迅速发展阶段，具备较高的空间分辨率，包括反射波段与热波段在内的7个波段，包含大量地物信息，适用于本研究。选取受云量干扰较少的1980年遥感影像为数据源进行分类解译与开发前土地利用类型提取，2015年土地利用类型为深圳市规划和国土资源委提供图3.7、表3.5。

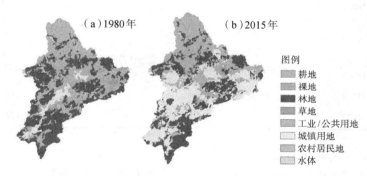

图 3.7 龙岗河流域 1980、2015 年土地利用类型提取结果

表 3.5 基于流域概化的土地利用类型占比

序号	类型	1980 年		2015 年	
		面积(平方公里)	比例（%）	面积（平方公里）	比例(%)
1	裸地	0.13	0.03	0.14	0.03
2	林地	300.59	59.37	245.55	48.40
3	耕地	92.79	18.33	43.59	8.59
4	水域	9.97	1.97	11.05	2.18
5	草地	56.19	11.10	12.8	2.52
6	城乡、工矿、居民用地	46.63	9.21	194.2	38.28

（5）土壤数据处理

土壤类型是构建水文响应单元HRU的重要依据，它的物理属性决定了土壤剖面的水和气的运动情况，是模型主要的输入参数之一，也是进行径流模拟必不可少的基础数据。

本文以深圳规划和国土资源委员会提供土壤类型数据为主，HWSD中国区土壤数据为辅，裁剪得到龙岗河流域土壤栅格数据（表3.6）。

表3.6 基于流域概化的土壤类型占比

HWSD 编码	土壤名称	所属土组	面积占比（%）
11378	薄层土	薄层土	1.61
11483	饱和冲积土	冲积土	0.15
11604			
11605			
11613	人为土	人为土	34.13
11645			
11675			
11783	铁质低活性强酸土		60.77
11785			
11805	简育低活性强酸土	低活性强酸土	3.00
11807			
11814	腐殖质低活性强酸土		0.11
11927	水体		0.24

（6）水文响应单元构建

水文响应单元HRU的构建，需要将土地利用类型、土壤类型、由DEM产生的坡度数据进行重分类与叠置分析，并在子流域的基础上将各种土地利用、土壤、坡度的不同组合进行分离。SWAT模型允许用户通过设置土地利用、土壤、坡度分级面积比例的阈值，将子流域中的次要土地利用类型、土壤类型与坡度级别忽略，以实现对流域的进一步概化，提高计算效率。一旦设置了该比例阈值，则意味着模型对空间异质性的考虑不够全面，将对模拟结果产生影响。故本研究在HRU的叠置构建时，将土地利用类型、土壤类型、坡度级别的比例阈值均设置为0。通过该设置，一方面提高模型精度，另一方面方便将模拟结果以HRU的角度进行计算分析与可视化输出。

以1980、2015年2期土地利用图进行输入并构建模型，保持DEM与土壤类型不变，经过叠置分析，分别得到930和1 005个水文响应单元。如图3.8、图3.9所示。

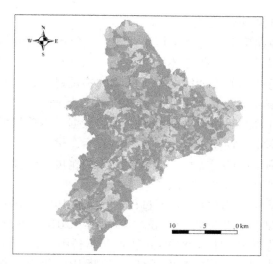

图 3.8 龙岗河流域 1980 土地利用类型下的水文响应单元

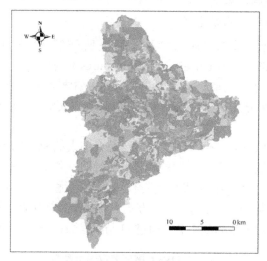

图 3.9 龙岗河流域 2015 土地利用类型下的水文响应单元

（7）气象数据的录入与模拟

采用清林径水库站（22.768° N，114.236° E）1960～2013 年实测日降雨量作为输入。另获大康、坑梓、龙岗、龙岗基地、黄龙湖水库、坪地2006～2018 年日降雨量序列，由于上述各站地理位置邻近，基于各站 2013年日降雨序列的比对分析，使用黄龙湖站序列对清林径站进行插补延长，得到清林径水库站 1960～2018 年逐日降雨序列作为 SWAT 模型输入。

3.1.2.3　SWAT 模型率定与验证

不同的流域在地形、土壤、植被覆盖、气象等方面各不相同，从而导致模型的边界以及约束条件也不同。另外，总会有部分必要的参数难以获得，在模型运行初期并不能完全基于实际的物理过程，因此，需要对模型进行率定，调整参数以得到其最优约束条件，从而提高模型的模拟精度，使得其模拟的计算结果更接近研究区的实测数据。本项目模型的率定为单下游站的径流率定。模型参数校核寻优完成后，进行模型的验证，验证是用来评价模型率定后的可靠性，当模拟结果的精度达到要求时，模型才能够适用于龙岗河流域的水文模拟。

本次用于模型率定的实测径流过程为吓陂站1961～1966年实测日径流序列，用于模型验证为吓陂站1966～1968年、2016～2018年的实测日径流序列，鉴于无法获得比1980年更早的土地利用数据，且1980年土地利用数据中城镇比例不足流域总面积6%，故将1980年土地利用情景作为早期天然下垫面覆被构建模型，在此基础上进行参数的率定与验证。

1. 参数选择与敏感性分析

本文采用瑞士联邦水质科学技术研究所开发的SWAT模型率定工具SWAT-CUP（Calibration Uncertainty Procedures）与模型进行对接，进行模型参数的调整、率定与验证。其功能涉及SWAT模型的敏感性分析、校核、验证与不确定性分析，具备SUFI-2、GLUE、McMc、PSO与Para Sol等5种校核寻优算法。

本研究选用SUFI-2寻优算法，在广泛综合前人的SWAT模型运用经验的基础上，并考虑到模型具备日尺度的校核验证序列，综合考虑效率与精度要求，共选择了22个水文循环相关参数进行模型参数寻优，见表3.7。SWAT-CUP针对参数提供替换与做乘2种基本处理方式，替换指直接用新值替换原值，做乘方法进行率定的是参数的变幅值，通过+1与原参数做乘产生新参数。

表 3.7　SWAT 模型率定选用参数

序号	运算类型	名称	描述	影响对象及过程	所在文件
1	替换	ALPHA_BNK	河岸基流 a 因子	河岸产量	.rte
2	替换	REVAPMN	浅层地下水再蒸发系数	土壤水分	.gw
3	替换	GW_REVAP	地下水再蒸发系数	地下水过程	.gw
4	替换	ESCO	土壤蒸发补偿系数	土壤蒸发	.bsn
5	做乘	SLSUBBSN	平均坡长	地貌特征	.hru
6	做乘	SOL_Z（1）	首层土壤深度	土壤水分	.sol

续表

序号	运算类型	名称	描述	影响对象及过程	所在文件
7	做乘	SOL_AWC（1）	首层土壤有效含水量	土壤水分	.sol
8	做乘	SOL_K（1）	首层土壤饱和导水率	土壤水分	.sol
9	做乘	SOL_BD（1）	首层土壤容重	土壤水分	.sol
10	做乘	SOL_ALB（1）	首层潮湿土壤反照率	土壤蒸发	.sol
11	替换	RCHRG_DP	深蓄水层渗透系数	地下水过程	.gw
12	替换	OV_N	坡面流曼宁系数	地表汇流	.hru
13	做乘	HRU_SLP	平均坡度	地貌特征	.hru
14	替换	CANMX	最大冠层蓄水量	植被蒸散发	.hru
15	替换	SURLAG	地表径流滞后系数	地表径流	.bsn
16	做乘	EPCO	植被蒸腾补偿系数	蒸发	.bsn
17	替换	CH_N2	主河道曼宁系数	河道汇流	.rte
18	做乘	CN2	径流曲线数	地表径流	.mgt
19	替换	ALPHA_BF	基流 a 系数	地下水过程	.gw
20	替换	GW_DELAY	地下水滞后系数	地下水过程	.gw
21	替换	CH_K2	主河道水力传导率	河道汇流	.rte
22	替换	GWQMN	浅层地下水径流系数	土壤水分	.gw

　　SWAT-CUP使用多元回归模型对参数进行敏感性分析，参数敏感性取决于多元回归系统计算结果，其对拉丁超立方生成参数与目标函数值进行回归，并采用t检验用来确定每一个参数的相对显著性。在SWAT-CUP中衡量参数敏感性的指标有两个：t-stat和P-Value，t-stat给出了敏感性的程度，绝对值越大，参数越敏感；P-value决定了敏感性的显著性，P-value值越接近0，敏感性越显著。对以上参数进行敏感性分析，本次龙岗河流域SWAT水文模型构建中的四个最敏感参数依次为ESCO（土壤蒸发补偿系数）、GW_REVAP（地下水再蒸发系数）、SOL_BD（1）（首层土壤容重）、EPCO（植被蒸腾补偿系数），分别对土壤蒸发、地下水过程、土壤水分及蒸发产生影响，对以上参数进行重点调试与分析，将实现对流域地表产汇流过程的有效修正调整，逐步使模拟值向实测值靠拢，同时考虑到深圳属于南方地区，总蒸发量为400~900毫米，高于北方地区50~500毫米，因此在率定过程中土壤蒸发补偿系数和植被蒸腾补偿系数限定在0至1之间率定。根据前文研究区龙岗河流域的水情雨情分析结果，该雨源型流域一年之中无雨日将占全年65%~70%左右，基流将成为径流率定的最重要特征因素，故在率定过程中还应重点关注GW_REVAP（地下水再蒸发系数）、REVAPMN（浅层地下

水再蒸发系数）与GWQMN（浅层地下水径流系数）等与基流量直接相关的参数，通过重点调试以上参数提高对本流域特殊水情的模拟效果。其余参数虽存在部分不敏感项，但同样是流域水循环的重要组分，为使模拟效果更优，本研究的参数率定过程不对参数进行选择，初期确定的22个参数全部参与率定，以牺牲部分效率的方式求得最满意的模拟结果。

2. 模型率定

SWAT模型的率定为参数的迭代寻优过程。SWAT-CUP采用的模拟序列与实测序列拟合程度评价指标为决定系数R^2与纳什效率系数NS。具体计算公式如下：

$$R^2 = \frac{\left[\sum_{i=1}^{n}(Q_{m,i} - Q_{m,avg})(Q_{p,i} - Q_{p,avg}) \right]^2}{\sum_{i=1}^{n}(Q_{m,i} - Q_{m,avg})^2 \sum_{i=1}^{n}(Q_{p,i} - Q_{p,avg})^2} \tag{3-16}$$

$$NS = 1 - \frac{\sum_{i=1}^{n}(Q_{m,i} - Q_{P,i})^2}{\sum_{i=1}^{n}(Q_{m,avg} - Q_{p,avg})^2} \tag{3-17}$$

式中，$Q_{m,i}$为实测流量；$Q_{p,i}$为模拟流量；$Q_{m,avg}$为多年实测平均流量；$Q_{p,avg}$为多年模拟平均流量；n为实测时间序列长度。一般认为，当$R^2>0.6$且$NS>0.5$时模型的拟合程度令人满意。

本研究获得逐日降雨序列起始年为1960年，吓陂站实测日径流序列年限为1959～1968年，选取流量数据较完整的1961～1966年作为率定期，1967～1968年、2016～2017年作为验证期。设置一次运行迭代次数为1 000次，率定期1961～1966年得到$R^2=0.86$，$NS=0.86$，误差为2.5%，拟合结果见图3.10，拟合程度令人满意，且提升空间有限，故以该参数结果作为率定成果，代入SWAT模型中进行参数修改。

3. 模型验证

（1）模型参数在1980年土地利用模型的验证

将经过1961～1966年实测流量进行率定后的参数代入使用1980年土地利用类型数据构建的SWAT模型中，并用1967～1968年的实测流量来进行验证，得$R^2=0.93$，$NS=0.88$，误差为9.3%，验证模拟结果见图3.11。

（2）模型参数在2015年土地利用模型的验证

将经过1961～1966年实测流量进行率定后的参数代入使用2014年土地利用类型数据构建的SWAT模型中，并用2016年10月至2018年11月等26个月的实测流量进行验证，得验证期$R^2=0.95$、$NS=0.51$、误差为24.5%，模拟结果见图3.12。

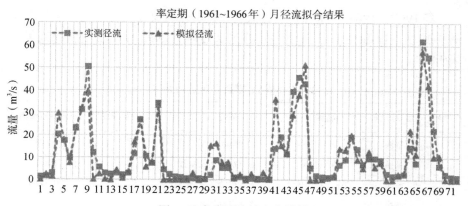

图 3.10　龙岗河流域率定结果

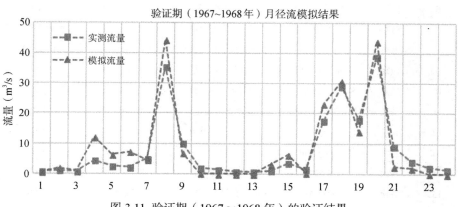

图 3.11　验证期（1967～1968 年）的验证结果

图 3.12　验证期（2016.10～2018.6）的验证结果

经1967～1968年和2016～2018年两期实测流量的验证，本次率定的参数基本能够反映龙岗河流域的水文过程，因此最终确定参数成果见表3.8。

表 3.8 SWAT 模型率定选用参数

序号	运算类型	名称	描述	影响对象及过程	最佳校准值
1	替换	ALPHA_BNK	河岸基流 a 因子	河岸产量	-0.048
2	替换	REVAPMN	浅层地下水再蒸发系数	土壤水分	106.16
3	替换	GW_REVAP	地下水再蒸发系数	地下水过程	0.009 6
4	替换	ESCO	土壤蒸发补偿系数	土壤蒸发	0.26
5	做乘	SLSUBBSN	平均坡长	地貌特征	67.9
6	做乘	SOL_Z（1）	首层土壤深度	土壤水分	-0.30
7	做乘	SOL_AWC（1）	首层土壤有效含水量	土壤水分	0.539
8	做乘	SOL_K（1）	首层土壤饱和导水率	土壤水分	1 506.72
9	做乘	SOL_BD（1）	首层土壤容重	土壤水分	1.79
10	做乘	SOL_ALB（1）	首层潮湿土壤反照率	土壤蒸发	-0.35
11	替换	RCHRG_DP	深蓄水层渗透系数	地下水过程	0.20
12	替换	OV_N	坡面流曼宁系数	地表汇流	0.61
13	做乘	HRU_SLP	平均坡度	地貌特征	0.57
14	替换	CANMX	最大冠层蓄水量	植被蒸散发	73.68
15	替换	SURLAG	地表径流滞后系数	地表径流	16.00
16	做乘	EPCO	植被蒸腾补偿系数	蒸发	0.35
17	替换	CH_N2	主河道曼宁系数	河道汇流	0.052
18	做乘	CN2	径流曲线数	地表径流	-0.53
19	替换	ALPHA_BF	基流 a 系数	地下水过程	-0.08
20	替换	GW_DELAY	地下水滞后系数	地下水过程	18.05
21	替换	CH_K2	主河道水力传导率	河道汇流	18.71
22	替换	GWQMN	浅层地下水径流系数	土壤水分	395.7

可见，该结果对枯水期径流序列的模拟效果稍差，在1980年土地类型模型中模拟流量偏大、在2015年土地利用类型模型中模拟流量偏小，而丰水期模拟结果较优，可较好还原出峰值和峰型。其误差可能产生于以下方面：

1）本次模拟基于对流域的概化与分区，且无法考虑流域内水库调度对径流造成的影响，而径流实测年份流域内已有部分水库开展调度工作，故无法得到较优模拟结果。

2）本研究所得到最早土地覆被情景为1980年，与径流实测年份1961～1968年有一定差距存在，已有6%左右的区域形成了城镇，无法还原出天然状态下的土地利用情景。

3）龙岗河流域在1958～1968年间设置有水文站，由于早期设备精度所限及序列后续受到的整编与调整，可能不能完全反映当时的实际径流情势。

总体而言，在一定误差因素存在的情况下，模型成功进行了参数的率定与验证，并得到了满意的模拟结果。

3.1.2.4 SWAT模型径流计算

本次构建的模型输入率定后的参数，得出龙岗河流域出口、丁山河、大康河多年平均径流量的模拟值分别为39 483万立方米、8 534万立方米、2 488万立方米，中国水科院完成的《龙岗河流域综合治理方案》研究获得龙岗河流域出口、丁山河、大康河的多年平均天然径流量分别为38 709万立方米、7 839万立方米、2 477万立方米，两者计算结果较为接近，结果对比见表3.9。

表3.9 计算成果对比表

断面位置	《龙岗河流域综合治理方案》的计算成果（年径流量，万立方米）	本次模型的模拟值（年径流量，万立方米）	结果差别
龙岗河出口	38 709	39 483	+2%
丁山河	7 839	8 534	+8%
大康河	2 477	2 488	+0.4%

3.1.3 地下水模型构建

3.1.3.1 SWAT-LUD模型基本原理

在常规SWAT模型的HRU模型描述方法中，流量是在子流域尺度上求和的，而不是在景观上的路径，为此将流域划分为三个LU：divide（LU$_3$），hillslope（LU$_2$），valley（LU$_1$），HRUs分布在不同的LUs中，如图3.13所示。

在SWAT-LU模型中，水流从上往下，自LU$_3$，流经LU$_2$和LU$_1$，最后汇集进入河流，水流过程如图3.14所示。在此过程中，水流是单向流动

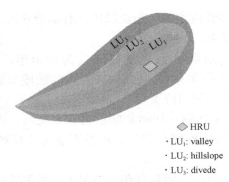

· HRU
· LU₁: valley
· LU₂: hillslope
· LU₃: divede

图 3.13 分布结构图

的，因此无法计算流域内的地表水地下水交互量。

为了模拟地表水-地下水交互量，南方科技大学孙晓玲博士开发了一种新型的SWAT模型计算地表水-地下水交互量。对每个HRU的过程进行模拟，并将其聚合至河流中。通过河流与陆地、盆地相连接，确定LU的宽度，定量计算地表水-地下水交互。

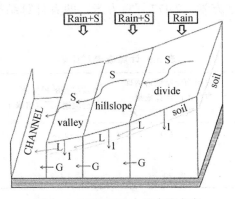

图 3.14 SWAT-LU 中的水流方向

其中Upland Subbasin位于原SWAT模型子流域内距河岸较远的位置，Subbasin-LU 位于近河岸位置。Upland Subbasin保存了SWAT模型中Subbasin的所有特性，在Subbasin-LU中，应用了景观单元结构（LU），HRU被分配在景观单元中。

地下水位以LU为单元进行计算。在Subbasin-LU中的地下水模块引入孔隙率参数，计算LU中的地下水水位。其计算公式如下：

$$GH = GM \times p/LA \qquad (3\text{-}18)$$

$$GM = GM + I - E - D \qquad (3\text{-}19)$$

式中，GH 为地下水位高度，m；GM 为地下水存储量，m^3；p 为浅层地下水层的孔隙率，%；LA 为 LU 的表面积，m^2；I 为渗入地下水的水量，m^3；E 为浅层地下水的蒸发量；D 为进入深层地下水的水量，m^3。运用 SWAT 模型中的计算过程对 I、E 和 D 进行计算。

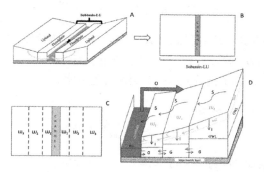

图 3.15　SWAT-LUD 结构及水流方向

模型中以河床的海拔高度值为参考值，运用达西公式，依据地表水和地下水位，计算地表水和地下水的交互量。达西公式如下：

$$Q = K \times A \times \frac{\Delta H}{L} \qquad (3\text{-}20)$$

式中，Q 为水流量，$m^3 \cdot d^{-1}$；A 为两个单元间的断面面积，m^2；K 为饱和水力传导性；ΔH 为两个计算单元间的水头差；L 为水流距离。

鉴于河流和潜水层的差异，对达西公式的应用分为地下水单元之间和河水和地下水之间交互两种方式。对于地下水单元之间的水交换的计算如下：

$$K = \frac{(K_{lua} \times W_{lua}) + (K_{lub} \times W_{lub})}{(W_{lua} + W_{lub})} \qquad (3\text{-}21)$$

$$W = (W_{lua} + W_{lub})/4 \qquad (3\text{-}22)$$

$$Q = 2 \times K \times A \times \frac{(H_{lua} - H_{lub})}{W} \qquad (3\text{-}23)$$

式中，K 为两个 LU 的水力传导系数的基于宽度的权重平均值，$m \cdot d^{-1}$；W_{lua} 和 W_{lub} 为两个 LU 的宽度，m；H_{lua} 和 H_{lub} 为两个 LU 的地下水水位值，m；W 为两个 LU 在河岸一侧的水流距离值，m。由于 LU 分布在河岸两侧，因此流量为计算流量的两倍。

$$K = K_{lu} \qquad (3-24)$$

$$W = (W_{lu})/4 \qquad (3-25)$$

$$Q = 2 \times K \times A \times \frac{(H_{lu} - H_{ch})}{W} \qquad (3-26)$$

式中，K为LU_1的水力传导系数（K_{lu}）（$m \cdot d^{-1}$），W为河流和LU_1间水流流动的距离，H_{lu}和H_{ch}为LU_1和河流的水位值。

洪水时期，泛滥至河岸的洪水会渗入地下水，对渗入地下水的洪水水量的计算如下：

$$U_f = (v - v_{max}) \times T \qquad (3-27)$$

式中，U_f为泛滥出河段河道的水体积，m^3；v为流量，$m^3 s^{-1}$；v_{max}为可存留于河流河段的最大流量，$m^3 s^{-1}$；T为水流流经河段的时间。

洪水期间，河水的水位高度为河岸高度和滞留于泛滥区的水位高度之和。

$$A_f = L_{ch} * (W_{ch} + L_f) \qquad (3-28)$$

$$H_{ch} = D_{ch} + \frac{U_f}{A_f} \qquad (3-29)$$

式中，A_f为洪水覆盖的面积，m^2；L_{ch}为河道长度，m；W_{ch}为河道宽度，m；L_f为单侧河岸洪水可到达的距离，m；H_{ch}为河水水位；D_{ch}为河岸高度，m。

在SWAT-LUD模型中假定洪水期间洪水到达区域的地下水位和河水位一致。

$$H_{luf} = H_{ch} \qquad (3-30)$$

式中，H_{luf}为洪水期间的地下水位，m。

渗入地下水的洪水量计算如下：

$$V_{in,f} = (H_{luf} - H_{lu}) \times A_{lu} \times p_{lu} \qquad (3-31)$$

式中，$V_{in,f}$为入渗到LU地下水中的洪水水量（m^3），A_{lu}为LU（m^2）的表面积，p_{lu} 为 LU 的孔隙率（%）。

滞留于泛滥区域的洪水会汇入河道，河道中的流量计算如下：

$$IN = IN + U_f \qquad (3\text{-}32)$$

$$v = IN/86\,400 \qquad (3\text{-}33)$$

3.1.3.2　SWAT-LUD 模型数据准备

本次 SWAT-LUD 模型研究区域保持与上文 SWAT 模型一致，即龙岗河流域。构建 SWAT-LUD 需要用到 DEM、土地利用、土壤属性、气象水文数据。流域内供水数据和水质净化厂日排水量数据于深圳市水务局获取。Subbasin-LU 的宽度为 150 米，根据 Google Earth 中数据确定。

3.1.3.3　SWAT-LUD 模型的率定与验证

本研究运用手动校验和自动校验的方法对模型进行校验，其中运用 SWAT-CUP 对 SWAT 模型中原有的参数进行自动校验，并运用手动校验方法对 SWAT-LUD 中新增加的参数进行校验。SWAT-CUP 是为率定 SWAT 模型参数而研发的一款软件，该程序将 GLUE、Parasol、SUFI2、MCMC 和 PSO 程序与 SWAT 模型输入输出文件相结合，用于模型敏感性分析，参数不确定性分析及参数的率定和验证。其中 SUFI2 方法得到广泛应用。本研究运用 SWAU-CUP 中的 SUFI2 方法，针对根据文献报道选取的参数进行校验。

（1）WAT-LUD 模型校验

SWAT-LUD 模型各校验参数的特征及参数校验值见表 3.10。

表 3.10　各校验参数的特征及参数校验值

参数	含义	类型	初始值	校准值
ALPHA_BF	基流 a 系数	.gw	0.048	0.315
GW_DELAY	地下水滞后系数	.gw	31	195.9
GWQMN	浅层地下水径流系数	.gw	1 000	1.81
ESCO（basin）	植被蒸腾补偿系数	.bsn	0.95	0.525
ESCO（HRU）	植被蒸腾补偿系数	.hru	0.95	0.335
GW_REVAP	地下水再蒸发系数	.gw	0.02	0.091
REVAPMN	浅层地下水再蒸发系数	.gw	750	191
GW_SPYLD	浅层含水层产水量	.gw	0.003	0.226

续表

参数	含义	类型	初始值	校准值
SOL_BD	首层土壤容重	.sol	—	0.972
SOL_AWC	首层土壤有效含水量	.sol	—	0.545
SOL_K	首层土壤饱和导水率	.sol	—	24.25
CH_2	主河道曼宁系数	.rte	0.014	0.035
CN2	径流曲线数	.mgt	—	0.16
K_{LU_1}	LU_1 水利传导系数	.ru	—	100
K_{LU_2}	LU_2 水利传导系数	.ru	—	20
K_{LU_3}	LU_3 水利传导系数	.ru	—	20

本次SWAT-LUD对前11个参数运用SWAT-CUP进行自动校验,对后5个参数进行手动校验。

（2）流量校验

从校正结果可知,模型较好的重现了水质净化厂低流量的数据,说明模型能够在一定程度反映实际情况（图3.16）。

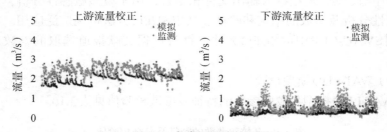

图 3.16 龙岗河河流校正图

（3）地下水水位校验

在龙岗河流域内开展了水文地质钻探工作,一共建设了9口水文监测井,在其中的3口水文监测井中放置地下水位自动监测设备,监测井位置见图3.17。

模拟和监测的水下水位见图3.18。采用纳什系数和相关系数对地下水位进行校正,结果显示,$NSE=0.97$,$R^2=0.96$,这说明模型可以很好地重现各景观单元中的地下水位,LU_1 中的模拟结果显示模型过高地估计了2017年7月洪水时期的水位。LU_1 中地下水水位的波动明显高于其他两个 LUs。在枯水期 LU_2 和 LU_3 的地下水水位均有所降低,后在丰水期间有所提升。由于 $P2$ 位于 $P8$ 和 $P9$ 的上游,LU_1 的地下水位高于 LU_1 和 LU_3 的地下水位。

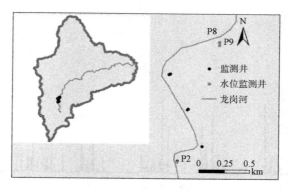

图 3.17 龙岗河流域水文监测井分布图

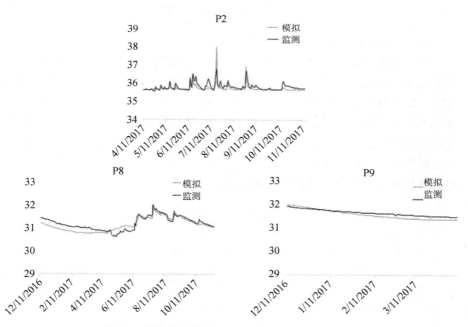

图 3.18 龙岗河流域内监测井中的模拟和观测水位

（4）龙岗河河流出口流量

龙岗河流域出口处的流量见图 3.19。龙岗河流域的最低流量仅为 9.17 立方米/秒，最高流量为 717.7 立方米/秒。流域中的日供水量为 5.98 立方米/秒。在龙岗河流域内，低流量时期的河流水流中，超过 50% 来自流域外供水。龙岗河河流流量变化较大，丰水期持续时间较长。2016 年的高流量天数明显高于其他年份。

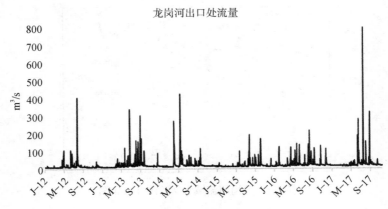

图 3.19 龙岗河出口处流量图

（5）龙岗河流域地表水-地下水交互量

龙岗河流域的地表水-地下水交互量见图3.20。从图中可以看出，龙岗河流域内主要的补排关系位地下水补给排泄河水。根据模拟结果可知，2012～2017年龙岗河流域内地下水进入河水远大于河水进入地下水的量，流域内年平均地下水进入河水的量为1.9×10^8立方米，河水进入地下水的量为3.0×10^5立方米，在洪水期间河流通过漫滩作用经河岸表面渗入地下水的量为5.5×10^6立方米。地表水-地下水在年际存在较大差异，地下水年均流量与河水年入渗量存在正相关关系。

图 3.20 龙岗河流域地表水-地下水交互量

（图中正值为河水进入地下水的水量，负值为地下水流入河水的水量，Bank 为通过侧面入渗的河水量，Flood 为洪水期间通过垂直入渗进入的河水量）

（6）不同土地利用对于交互量的影响

图3.21为1980年和2015年不同城市化程度龙岗河流域内地表水流和地下水流的差异。

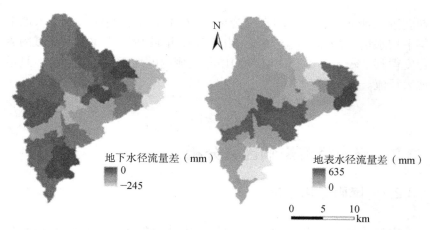

图 3.21　龙岗河流域 1980 年、2015 年土地利用地表水径流和地下水径流

　　城市化对龙岗河流域地表水-地下水交互的影响见图 3.22。在 SWAT-LUD 模型中，河水可以通过两种方式进入地下水：侧向入渗（lateral infiltration）和垂直入渗（surface infiltration）。其中，侧面入渗为河水水位高于地下水水位且河水停留在河道中时产生的入渗，垂直入渗为洪水期间洪水通过河岸表面产生的入渗。结果表明相对于 1979 年的土地利用情景，河水的侧向入渗和垂直入渗的水量增加，地下水流量减少，其中，对地下水流的相对影响较小。但由于地下水流远大于入渗的河水量，因此城市化水交换总量的影响可忽略不计。

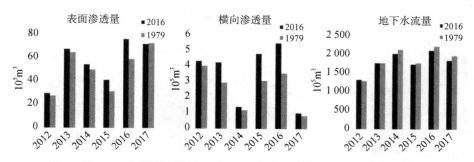

图 3.22　龙岗河流域 1979 和 2016 年的地表水-地下水交互量

3.1.3.4　SWAT-LUD 模型计算

　　本小节介绍了 SWAT-LUD 模型，并将其应用至龙岗河中，用于模拟 1980 年和 2015 年不同土地利用情况下流域内地表水-地下水变化情况。结果表明，2012～2017 年，流域内年平均地下水流量为 1.9×10^8 立方米，洪

水期间渗入地下水的年平均水量为 5.5×10^6 立方米，侧面入渗进入地下水的年平均水量为 3.0×10^5 立方米。由于 2015 年较 1980 年龙岗河流域内城市化程度得到了较大的提升，使得 2015 年流域内的地下水流量降低，且增大了地表径流。

3.2　流域径流影响因素分析

3.2.1　降雨变化分析

龙岗河流域 1980 年至 2015 年的年降雨情况如下图。将以上 35 年划分为 1980~1989、1990~1999、2000~2009、2010~2015 四个时期，分别统计各时期的平均降雨量，结果如图 3.23 所示。

图 3.23　龙岗河流域年降雨量分析

图 3.24　龙岗河流域不同时期平均降雨量分析

由图 3.24 分析结果可知，龙岗河流域高度集约开发区域近 35 年降雨无显著突变点，各时期平均降雨量均接近 1 800 毫米，降雨情况无显著变化。

3.2.2 土地利用变化分析

深圳市作为我国改革开放的先导与试验区，于1980年设立经济特区后，开始了高速城市化进程，原有农林用地被大量开发，城镇用地迅速膨胀，区域内土地利用/覆被发生了显著的变化。为探究龙岗河流域内土地利用/覆被的变化特征，本研究利用由遥感影像解译得到的龙岗河流域不同阶段土地利用图，运用GIS工具分析龙岗河流域土地利用/覆被的特征与变化情况。

数据采用1980年、1985年、1990年、1995年、2000年、2005年以及2010年7期的Landsat TM影像。通过影像的大气校正、几何校正、图像增强以及地物的几何、颜色、纹理等特征分析，并加上高程、坡度等地理信息以及人工的辅助判断，形成项目范围区域比例尺为1∶60000的土地利用分类产品（图3.25）。

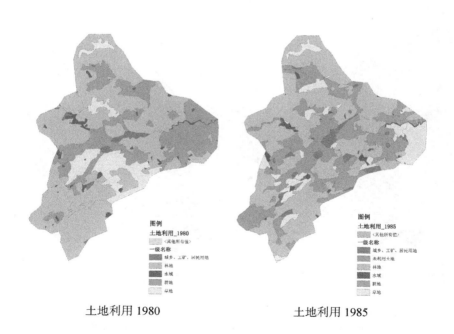

土地利用 1980　　　　　　　　　土地利用 1985

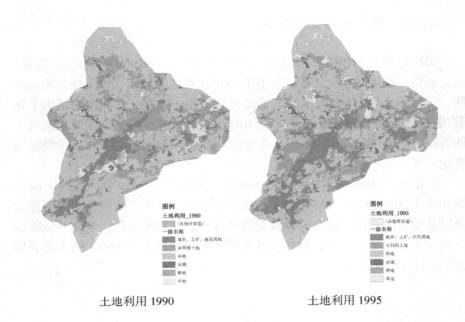

土地利用 1990　　　　　　　　　土地利用 1995

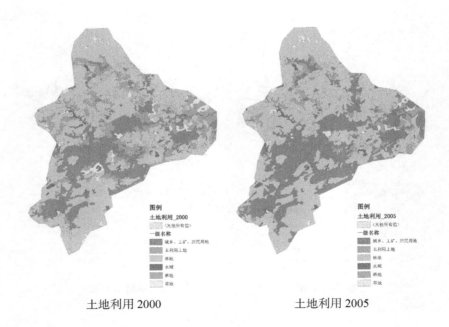

土地利用 2000　　　　　　　　　土地利用 2005

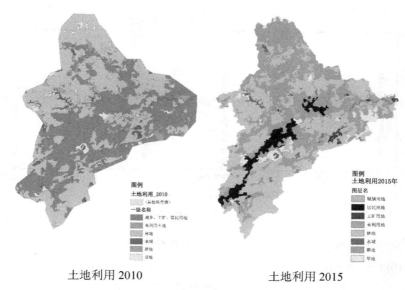

土地利用 2010　　　　　　　　土地利用 2015

图 3.25　1980～2015 年土地利用类型图示

经分析统计，各年份土地类型面积组成情况见表3.11和图3.26。龙岗河流域的土地利用/覆被特征在其快速城市化过程中发生了巨大的变化，主要表现为耕地、林地等农林用地的大量减少和城镇用地的迅速增加。1980年，林地与耕地为龙岗河流域最主要的土地利用类型，林地与耕地已占到流域总面积85%；至2015年，龙岗河流域耕地、林地、草地比例大幅下降，城镇区域面积增长了5倍多，达29.13%，城镇居民地占比已跃升至第三位。林地、耕地二者总和占比仅达到61.48%。龙岗河流域经30年城市化发展，迅速进入城市化中期。

表 3.11　各年份各土地利用类型面积（平方公里）

序号	类型	年份							
		1980	1985	1990	1995	2000	2005	2010	2015
1	裸地	0.13	2.89	0.47	12.1	1.71	0.15	0.14	0.14
2	林地	300.59	267.97	311.24	289.79	283.83	273.59	252.25	245.55
3	耕地	92.79	125.4	100.95	52.47	67.22	38.76	48.16	43.59
4	水域	9.97	7.84	8.7	9.81	9.61	9.31	12.07	11.05
5	草地	56.19	54.34	20.67	20.68	16.64	9.1	10.08	12.8
6	城乡、工矿、居民用地	46.63	48.53	64.24	121.41	127.18	175.41	184.2	194.2

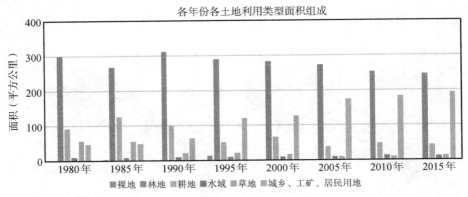

图 3.26 各年份各土地利用面积组成

1980年至2015年流域不透水面积比变化趋势如图3.27所示。由图可知，1980年至2015年，伴随着城镇化发展进程，龙岗河流域不透水面积比不断增长，在1980年时龙岗河流域不透水面积比仅为9.21%，经过35年的快速发展，到2015年时该比值增长到38.28%。从增长速度的角度分析，在90年代初期和2000年代初期发生两次剧变。

图 3.27 各年份不透水面积比

3.2.3　空间格局分析

龙岗河流域的治理整体上采取截污箱涵模式，一级支流田脚水、田坑水、黄沙河、丁山河、南约河、回龙河、爱联河、大康河、梧桐山河等河口设有橡胶坝，将初雨（约7毫米）产生的径流拦截至截污箱涵，由截污箱涵输送至水质净化厂，处理完后排放至龙岗河干流。

分析2015年降雨数据，降雨量不足7毫米的降雨场次所产生的径流全部纳入截污箱涵,降雨超过7毫米的场次,将初雨7毫米的径流部分纳入截污箱涵,超过7毫米部分划入河道径流,经统计分析,2015年径流截流率如表3.12所示。

表3.12 2015年各月份截流率

月份	截流率
1月	100.00%
2月	100.00%
3月	100.00%
4月	100.00%
5月	93.60%
6月	100.00%
7月	97.26%
8月	91.13%
9月	80.97%
10月	100.00%
11月	100.00%
12月	100.00%

注:截流率为纳入箱涵的流量占总流量的比值。

截污箱涵不改变各支流的流量,不改变龙岗河干流出口流量,流量受影响的河段主要在干流葫芦围至吓陂河段(不含吓陂断面),径流量大小受截污箱涵的影响程度见表3.13。因此,由模型计算的各支流及干流出口流量与实际相符,可作为后续工作的依据。

表3.13 径流量大小受截污箱涵影响程度表

河流断面		截流前径流量(万立方米)		截流后径流量(万立方米)		变幅	
		龙岗河(低山村)	龙岗河(葫芦围)	龙岗河(低山村)	龙岗河(葫芦围)	龙岗河(低山村)	龙岗河(葫芦围)
月份	1月	426	9	20	20	−95%	116%
	2月	380	8	20	20	−95%	146%
	3月	358	7	20	20	−94%	168%
	4月	621	14	20	20	−97%	40%
	5月	1 570	35	120	22	−99%	−37%
	6月	2 247	53	20	20	−99%	−62%

续表

河流断面	截流前径流量（万立方米）		截流后径流量（万立方米）		变幅	
	龙岗河（低山村）	龙岗河（葫芦围）	龙岗河（低山村）	龙岗河（葫芦围）	龙岗河（低山村）	龙岗河（葫芦围）
7 月	2 143	48	79	21	−99%	−55%
8 月	2 193	52	214	25	−99%	−52%
9 月	1 726	41	348	28	−98%	−32%
10 月	888	22	20	20	−98%	−7%
11 月	586	13	20	20	−97%	56%
12 月	514	11	20	20	−96%	80%

（月份）

3.3 流域径流历史演变规律研究

3.3.1 分析断面选取

选取不同断面，通过对比各断面径流变化，来量化高度集约开发模式对流域降雨产汇流影响，断面选取结果如图3.28所示。

图 3.28 河道径流过程分析断面示意图

本次选取横岗、低山村、西湖村、丁山河、黄沙河、田坑水6个断面。以横岗、低山村、西湖分别代表龙岗河干流上、中、下游区域；田坑水代表开发程度较高的区域；丁山河、黄沙河代表开发程度较低的区域。

3.3.2　径流整体变化趋势

统计分析龙岗河流域开发利用前后的径流大小，从整体上判断经理变化趋势和方向。统计结果如图3.29所示。

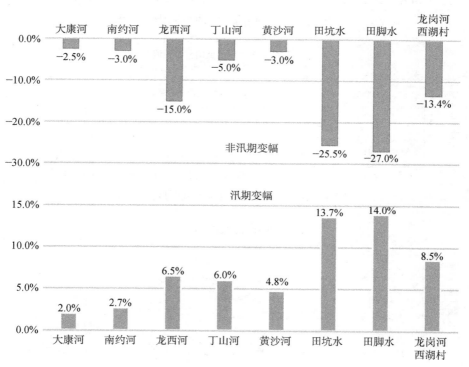

图 3.29　流域径流整体变化趋势

由图3.30可知，龙岗河流域整体上呈现出汛期流量上升、非汛期流量下降的趋势，流域内多数支流，非汛期变幅大于汛期变幅。

3.3.3　径流空间变化特征

1. 干流变化情况

通过对比干流葫芦围、低山村及西湖村断面的流量变化情况，来反映流量变化在上、中、下游的表现。各断面分析结果如图3.30～图3.32所示。

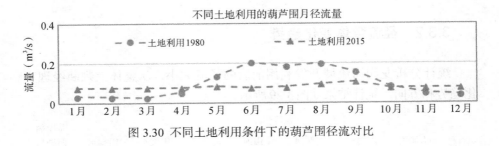

图 3.30 不同土地利用条件下的葫芦围径流对比

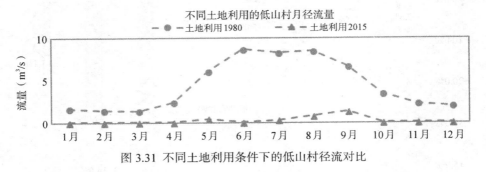

图 3.31 不同土地利用条件下的低山村径流对比

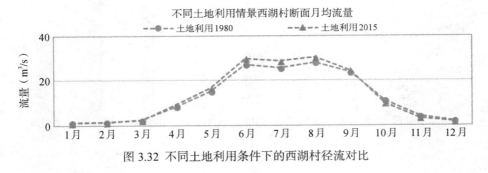

图 3.32 不同土地利用条件下的西湖村径流对比

从西湖村变化情况分析可知，龙岗河流域径流量整体呈上升趋势，变幅约5%，其中汛期水量增幅8.5%，非汛期流量降幅13%；受截污箱涵的直接影响，低山村断面流量大幅度减少，降幅达90%；葫芦围降幅达20%。

2. 主要支流变化情况

对比龙岗河流域主要支流的径流变化，分析流域内径流变化的空间差异性。主要支流变化结果如下。

（1）丁山河断面

丁山河发源于惠州市境内，后汇入龙岗河。选取丁山河汇入断面进行分析。根据土地覆被分析结果，其上游30年间土地利用改造程度相对较低。

与1980年土地利用情景相比，2015年丁山河下游断面丰水期流量平均增幅为6.06%，流量最大增幅落在7月，平均流量增幅为6.45%，流量小幅增加。

与1980年土地利用情景，2015年枯水期流量平均降幅为4.95%，流量最大降幅落在12月，平均流量降幅为9.26%。枯水期流量降幅大于丰水期流量增幅。

总体而言，与1980年土地利用情景相比，2015年丁山河断面流量呈增加趋势，平均增幅为4.49%。两种土地利用情景的断面流量情况见图3.33。

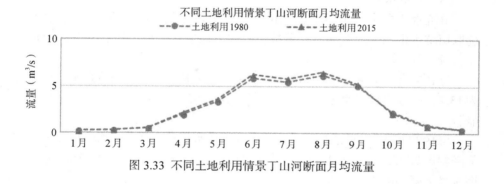

图 3.33　不同土地利用情景丁山河断面月均流量

（2）黄沙河断面

黄沙河同样发源于惠州市境内，后汇入龙岗河。选取黄沙河汇入断面进行分析。根据土地覆被分析结果，其上游30年间土地利用改造程度较低。

与1980年土地利用情景相比，2015年黄沙河断面丰水期流量平均增幅为4.87%，流量最大增幅落在7月，平均流量增幅为6.03%，流量小幅增加。

与1980年土地利用情景相比，2015年枯水期流量平均降幅为3.08%，流量最大降幅落在11月，平均流量降幅为8.18%。枯水期流量降幅大于丰水期流量增幅，但总体变化程度不大。

总体而言，与1980年土地利用情景相比，2015年黄沙河断面流量呈增加趋势，平均增幅为3.83%。两种土地利用情景的断面流量情况见图3.34。

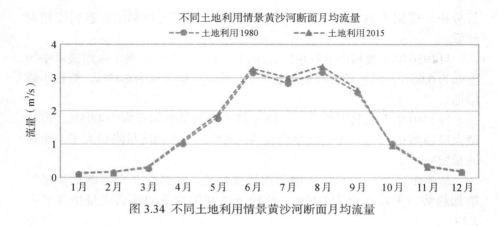

图 3.34 不同土地利用情景黄沙河断面月均流量

（3）田坑水断面

田坑水为龙岗河下游支流，位于坑梓街道，在吓陂附近汇入龙岗河。选取田坑水汇入干流断面进行分析，根据土地覆被分析，其上游于30年间经历较大程度城市化改造。

与1980年土地利用情景相比，2015年田坑水断面丰水期流量平均增幅为13.73%，流量最大增幅落在7月，平均流量增幅达到18.66%，流量增加显著。

与1980年土地利用情景相比，2015年枯水期流量平均降幅为25.45%，下降幅度较大，流量最大降幅落在12月，平均流量降幅达到33.9%。枯水期流量下降幅度大于丰水期。

总体而言，与1980年土地利用情景相比，2015年田坑水断面流量呈增加趋势，平均增幅为8.01%。两种土地利用情景的断面流量情况见图3.35。

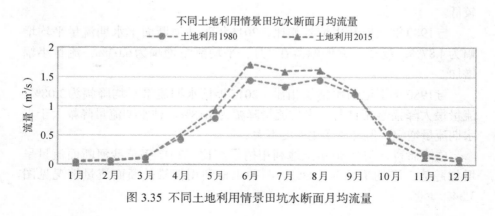

图 3.35 不同土地利用情景田坑水断面月均流量

3.3.4 径流时间变化特征

1. 年内变化

通过统计各支流的年内径流分布以及开发前后的丰枯比变化，分析高度集约开发对龙岗河各支流的年内分配影响（图3.36、图3.37）。

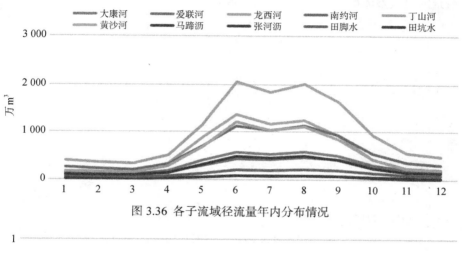

图3.36 各子流域径流量年内分布情况

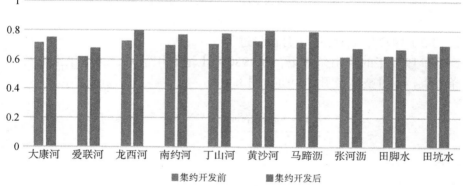

图3.37 龙岗河各子流域汛期水量占比

高度集约开发后，各主要河流的汛期水量占比进一步升高，变幅在5%～10%之间，高度集约开发加剧了丰枯水量比。

2. 年际变化

对1961～2017年（57年）的年降雨量进行排频分析，得95%、75%、50%、25%、5%五种频率的降雨典型代表年分别为2004年、1977年、

1972年、1975年、1964年。

因此，以田坑水断面为分析对象，分析其不同土地利用情景在2004年、1977年、1972年、1975年、1964年的流量过程，探讨不同降雨量带来的流量变化幅度的差异性。

（1）2004年（$p=95\%$）月流量过程

在2004年的降雨条件下，较1980年土地利用情景，2015年土地利用情景的流量整体增幅为5.06%（图3.38）。

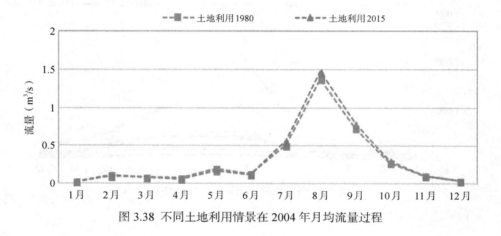

图 3.38 不同土地利用情景在 2004 年月均流量过程

（2）1977年（$p=75\%$）月流量过程

在1977年的降雨条件下，较1980年土地利用情景，2015年土地利用条件下，流量整体增幅为5.9%（图3.39）。

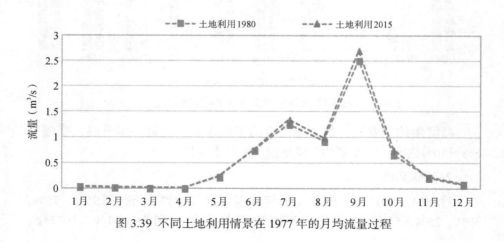

图 3.39 不同土地利用情景在 1977 年的月均流量过程

（3）1972年（*p*=50%）月流量过程

在1972年的降雨条件下，较1980年土地利用情景，2015年土地利用条件下，流量整体增幅为7.01%（图3.40）。

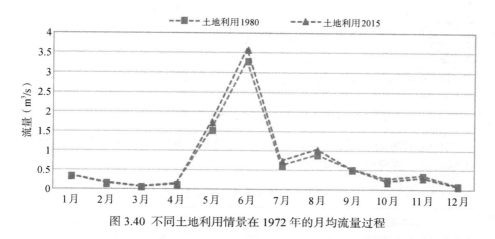

图 3.40 不同土地利用情景在 1972 年的月均流量过程

（4）1975年（*p*=25%）月流量过程

在1975年的降雨条件下，较1980年土地利用情景，2015年土地利用条件下，流量整体增幅为7.92%（图3.41）。

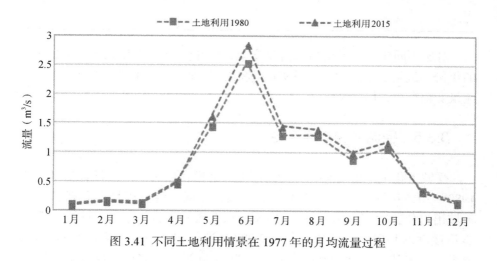

图 3.41 不同土地利用情景在 1977 年的月均流量过程

（5）1964年（*p*=5%）月流量过程

在1964年的降雨条件下，较1980年土地利用情景，2015年土地利用条件下，流量整体增幅为8.94%（图3.42）。

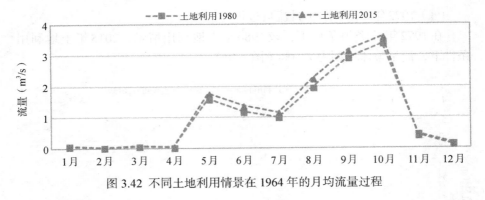

图 3.42 不同土地利用情景在 1964 年的月均流量过程

田坑水断面在2004年、1977年、1972年、1975年、1964年的流量变化幅度统计情况见表3.14。

表 3.14 2015 年各月份截流率

降雨频率	代表年	流量平均变幅
95%	2004	5.06%
75%	1977	5.90%
50%	1972	7.01%
25%	1975	7.92%
5%	1964	8.94%

对比不同年份开发前后的流量变幅，可知降雨量较大（降雨频率5%）的年份，流量变幅较大，接近9%；降雨量较小（降雨频率95%）的年份，流量变幅较小，仅为5%。

3.3.5　径流变化规律讨论

受城市化土地覆被影响，龙岗河流域河道径流过程产生显著变化。经1980～2015年城市化改造程度大的区域，流域产流总体呈上升趋势，在流域出口位置的增幅达5.29%。本文也从有实测径流的年份中选取了降雨总量接近的1966年（降雨总量为2 087毫米）和2017年（降雨总量2 074毫米）作对比，发现与1966年相比，吓陂站2017年的径流量也呈增加趋势，增幅约为10%，这与模型分析的结论趋势一致，但增幅上存在一定的差异，这可能与1966年和2017年降雨年分配不同所带来的影响有关。对比其他相似研究成果，如杨军军在基于SWAT模型的湟水流域径流模拟研究中发现，随着城市边缘大量耕地向城镇居住、建设用地的转换，不透水层面积的增加，加大了流域径流量和洪峰流量；李鸿儒等在基于SWAT模型的钦江流域土地利用覆被变化水沙响应研究中，得出植被覆盖度持续下降，将会致使流域产流、产沙的增加，以上研究成果皆与本文结论一致。

同时，丰水期（4~9月）河道流量显著提升，月均流量变幅可达到10%左右，其中以7月份增长幅度最大，最大可接近20%。枯水期（10月至来年3月）河道流量显著减少，月均流量变幅可达15%左右，其中以12月份下降趋势最大，最大可超过20%。枯水期流量下降幅度大于丰水期，反映了城市化对雨源型流域枯水期流量过程的影响大于丰水期，将增大雨源型流域原本丰枯二季的流量差距，加剧枯水期流域接近断流的径流情势，影响枯季河道内外生态环境需水的满足程度。

查阅已有的研究成果，如魏冲等运用SWAT模型分析深圳市石岩流域土地利用变化对产流的影响，发现随着林地、草地的减少和城镇用地的增加，流域不断城市化的进程导致流域在丰水期流量呈增长趋势；郑璟等在研究城市化发展对深圳布吉河流域的影响时发现，快速城市化会引起地下径流减小，地表径流增加；黄沛然等研究快速城市化的水文效应，发现城市化可导致地表径流的增加以及地下水补给的减少的规律；刘斯文等在研究开都河流域土地利用变化对径流的影响时，发现当流域草地及林地退化为裸地或人工表面时，开都河流域月均流量变化最大，且丰水期流量增大，枯水期流量减小。从定性的角度分析，本文结论符合普遍规律。

空间差异性上，通过与30年间土地覆被演化过程的对比分析，可以发现径流的变幅与该河道上游子汇水区受到的土地覆被改造程度相关。上游城市化程度低的丁山河与黄沙河，其径流变幅微弱，多数月份保持在5%以内。而横岗、低山村、田坑水等断面，其径流变幅存在逐步上升，这与其上游的城市化改造程度有关。而由干支流汇集而成的全流域出口断面，其径流过程变化不致过大，是因为其融合了所有径流变异的结果。

时间差异性上，通过对田坑水单一断面在不同降雨典型年流量过程的分析结果中可知，随着降雨量的增加，由土地利用变化所带来的流量增幅不断扩大。

第4章 雨源型河流生态流量保障技术研究

4.1 雨水滞留塘设计与补水研究

4.1.1 雨水滞留塘研究现状

随着城市化进程的加快，人口增长迅速和城市土地开发不断扩张导致土地硬化面积增加，原有自然裸露地面被城市钢筋混凝土硬化地面取代，自然水循环系统受到干扰，雨水难以通过硬化地面进行下渗，导致城市降雨径流量明显增大，城市雨水在丰水期降雨过程中迅速汇流，径流峰值提前，带来城市内涝灾害；枯水期，由于地下土壤蓄水较小，难以补充城市地表径流，造成城市地表水体在枯水期出现断流。由于地表水体水量的减小，使得水中的污染物质难以降解消除，造成地表水体在枯水期污染加重。

雨水滞留设施是一种有效的雨水储蓄与净化处置技术，也是一种生物滞留设施。雨水滞留设施通常建在道路两边、城市广场、花园小区、河道两侧等，建造地理位置在汇水面最低的地方，方便雨水的汇流。雨水滞留设施的主要功能有削减洪峰流量、减少面源污染、补给地下水、改善景观环境，也可对处理后的雨水加以收集利用，缓解水资源短缺。

4.1.1.1 雨水利用技术

雨水利用技术通常包括：直接利用、间接利用和综合利用三种。雨水的直接利用就是讲降雨经过收集和处理后重新使用，包括水库雨水经处理后直接作为饮用水使用，雨水收集池收集的雨水直接用于灌溉、冲刷地面、厕所等；雨水的间接利用方式包括雨水的下渗、通过调节池收集减轻暴雨洪峰流量和补充河流的地表径流等，利用的目的是减轻暴雨时的洪峰流量、削减城市面源污染、补充地下水、避免城市热岛效应、改善区域生态环境等。

4.1.1.2 常见雨水滞留设施

雨水滞留设施有单一形式的雨水滞留设施和多功能形式的雨水滞留设施，单一形式的雨水滞留设施有雨水花园、下凹式绿地、渗透塘、湿塘、蓄水池等；多功能形式的雨水滞留设施由两种及以上雨水滞留设施组成，一般会根据雨水收集利用目标选择不同的形式。雨水滞留设施结构形态的不同，功能差别明显。

（1）雨水花园

雨水花园是"海绵城市"建设低影响开发措施的重要方式之一，被广泛应用于雨水蓄滞带和净化领域。雨水花园一般建在地势较低的区域，由耐淹植物、蓄水层、树皮覆盖层、树皮覆盖层、种植填料层、砾石层组成。雨水花园根据是否在底部做防渗和是否埋设穿孔管，分为自然入渗式和外排式，自然入渗式底部无任何防渗措施，雨水下渗和蒸发是滞留雨水的主要排空方式，此类雨水花园通常建在花园小区、公园内，体积较小；外排式雨水花园底部需做防渗处理，通常铺设防渗透膜，并埋设穿孔管，雨水下渗至底部时通过穿孔管排出，适合运用在小区、停车场、道路等空间。

雨水花园具有通过沉淀吸附作用、生物降解作用去除雨水中的污染物质，同时雨水花园还具有消纳小面积汇流的径流雨水、削减洪峰流量、涵养地下水的作用。何雨洋等通过对武汉某小区雨水花园工程实例分析发现，该小区雨水花园可以收集雨水量83 653立方米，可以有效吸纳雨水，减轻城市排水管网负荷。陈舒等通过人工模拟实验研究发现，雨水花园对径流中COD、总氮、总磷的去除效率最高时雨水花园的最优填料组成为瓜子片或改良种植土、厚度范围为30～40 cm，砾石排水层厚度范围为20～30 cm。

（2）下凹式绿地

下凹式绿地是雨水蓄积以及增加地表入渗的有效措施。现有对下凹式绿地的研究集中于两个方面：一是下凹式绿地对暴雨洪峰流量的削减作用；另一方面是下凹式绿地对雨水的蓄积、下渗补充地下水的效果。任树梅等对北京城区不同水平年、汇水面积及不同下凹深度绿地的雨水蓄渗效果进行了分析计算，结果表明，下凹式绿地在城市雨水利用以及降低洪水危害方面有积极的作用。周丰等对道路下凹式绿地研究发现，下凹式绿地可以有效减少路面雨水径流和汇流，同时能够补充地下水。程江等在对不同设计工况下的下凹式绿地的雨水蓄渗效应进行研究，研究结果认为下凹式绿地的蓄渗效果的好坏在于当地的土壤渗透性、下凹式绿地的深度和绿地面积所占比例。黄民生等研究结果表明，下凹式绿地对径流污染物的削减作用较为明显，对雨水径流中的COD、N、P等污染物的削减率在40%~50%以上。

（3）渗透塘

渗透塘是通过雨水下渗作用补充地下水的雨水滞留设施，一般的雨水渗透塘都具有超强的渗透能力，建在地势较低的区域，以低洼绿地的形式呈现。此外，渗透塘还具有净化地表径流、削减洪峰流量的作用。渗透塘的结构一般由两部分组成，分别是预处理设施和渗透设施，预处理设施通常是沉砂池或者前置塘形式，预处理设施的作用是去除降雨径流中的大颗粒物质、削减流速。预处理设施的边坡坡度（垂直：水平）一般不大于1:3，塘底至溢流水位一般不小于0.6米；渗透设施一般由种植土、透水土工布和过滤介质层组成，渗透塘的排水时间应小于24 h。

渗透塘适用于汇水面积较大（大于1 hm²）且具有一定空间条件的区域。渗透塘可有效补充地下水、削减峰值流量，建设费用较低，但对场地条件要求严格，对后期维护管理要求较高。

（4）湿塘

湿塘是海绵城市低影响开发建设模式之一，具有调蓄雨水、净化地表径流的功能，同时也可作为景观水体，改善水体环境。湿塘的结构通常由六部分组成，分为进水入口、前置塘、主塘、溢流口、护坡和驳岸，以及维护通道等；进水口通常设有削减进水流速、防止水流冲刷和侵蚀；前置塘起到沉淀径流中的大颗粒污染物的效果，属于湿塘的预处理装置。根据海绵城市建设技术指南，前置塘一般设置清淤通道和防护措施，驳岸采用生态软驳岸，垂直于水平的比值一般为1:2~1:8；主塘容积包括永久容积和储存容积，永久容积水深一般为0.8~2.5米；储存容积应根据所在地区相关规划提出的"单位面积控制容积"确定；具有峰值流量削减功能的湿塘还包括调节容积，调节容积应在24~48 h内排。湿塘适用于建筑小区、城市绿地、广场等具有空间条件的场地，有效削减较大区域的径流总量、径流污染和峰值流量，是城市内涝防治系统的重要组成部分，但对场地条件要求严格，建设和维护费用高。

（5）其他形式

除了雨水花园、下凹式绿地、渗透塘、湿塘等单一形式的雨水滞留设施，在实际的雨水利用工程项目中通常采用多种雨水滞留设施组合成的多功能雨水滞留系统。索联峰采用缓冲池+下渗池+下渗池+滞留塘系统在重庆市江南园进行工程示范，通过对系统水质进行检测，发现系统对TN、

NH_3-N、NO_3-N、NO_2-N的去除效率可以达到60%以上，可以有效削减地表径流，补充地下水。唐金忠等通过对上海某一级镇级河道设计湿地-湿塘组合形式，达到在降雨时蓄滞雨水，在河道水位下降时对河道进行补水的目的。

4.1.2　地下水地表水补给分析

4.1.2.1　深圳市地下水分布状况

深圳市地下水分布相对较为复杂，根据深圳市地下水含水岩组岩性及其分布特征，可将研究区含水岩组分为松散岩类孔隙含水层，基岩裂隙含水层及碳酸盐类裂隙溶洞含水层，基岩裂隙水含水层根据其成因类型的差别，可再细分为层状基岩裂隙含水层、块状基岩裂隙含水层和红层裂隙含水层。

1. 松散岩类孔隙含水层

深圳第四系松散堆积层分布比较广泛，主要沿河流水系及沿海地区分布，露头范围约为583.487平方公里，约占调查区的29.88%。深圳市松散岩类孔隙水主要赋存于上述第四系松散沉积物中的卵砾石层、砾砂层、中粗砂层、中砂层及细砂层中，松散堆积层中的黏性土层一般透水性及富水性差，属相对隔水层。

2. 基岩裂隙水

（1）"红层"裂隙含水层

分布在研究区东部龙岗区坑梓镇、三棵松水库、王母下沙、白石洲东局部地区，出露面积19.14平方公里，占调查区总面积的0.98%。在构造应力作用下形成的节理裂隙往往呈闭合状态，不利于地下水的赋存和渗透，因此富水性差。局部可见片状泉流，流量0.1～0.41升/秒，且随季节性变化大；枯水期地下水径流模数为1.0～4.93升/秒·平方公里，钻孔单井涌水量1.30～20.0立方米/日，水量极贫乏。

（2）层状基岩裂隙含水层

根据富水性的差异，层状基岩裂隙水大致可分为三个含水岩组：① 水量贫乏的层状基岩裂隙含水层，分布于宝安区观澜—龙岗区平湖—布吉葵涌官湖山、坪山碧岭、清风岭、望风岭、望牛岗、松子坑水库、横岗黄阁坑、龙口、龙西等地，在地质构造应力作用下，往往形成较密集的张开裂隙，有利于地下水的赋存与流通。因此该含水岩组局部形成中等～富水地段，地下水径流模数可达5.19～12.17升/（秒·平方公里），单井涌水量可达192立方米/日；② 水量中等～丰富的层状基岩裂隙含水层，分布在山子吓南部、大鹏镇未木岭—钓神山、排牙山—高岭山、大鹏半岛北东局部及南门头、龙岗区北西角清林径水库等地。岩组裂隙发育不均匀，因此在不同的岩性段或不同的构造部位，富水性存在较大差异；③ 水量贫乏的层状变质岩裂隙含水层，主要由中元古界震旦系大绀山组变质岩组成，分布在宝安区公明北部、白花及其西部、福永—西乡—西丽、梅林—银湖及北部、深圳水库北西部等地，面积约74.287平方公里，占调查区面积的3.80%。岩层经构造及变质作用，裂隙一般呈闭合状态，对地下水的赋存及运移不利，因此，枯水期地下水径流模数仅1.04升/（秒·平方公里），富水性差，水量贫乏。

（3）块状基岩裂隙含水层

深圳地区块状基岩裂隙水含水岩组主要由火成岩构成，根据火成岩的成因差异，可分为火山岩基岩裂隙含水层，侵入岩基岩裂隙含水层，该含水岩组分布广泛，面积达828.99平方公里，占调查区面积的42.42%，块状基岩又主要分为火山岩块状基岩裂隙含水层和侵入岩块状基岩裂隙含水层。

3. 碳酸盐岩裂隙溶洞含水层

深圳市岩溶水赋存于石炭系石磴子组含水层中。岩溶地层出露极少，绝大部分被第四系覆盖或埋藏于下石炭统测水组、中上侏罗统塘厦组、白垩系丹霞群砂岩地层之下，可分为覆盖型和埋藏型两类。覆盖型主要分布于横岗、龙岗、坪山、葵涌盆地，埋藏型主要分布坑梓镇、松子坑水库周围、炳坑水库、石桥坜水库等地，平湖局部地段偶有揭露。该含水岩组受岩层分布、地质构造等因素的影响，岩溶空隙及裂隙发育极不均匀，导致该含水岩组富水不均匀。局部地段单井涌水量500～1000立方米/日，泉流量13.6～15.1升/秒，属极富水的含水岩组。岩溶水的富水程度与岩溶发育程度密切相关，从平面分布看，在断层切割或紧靠断层处、河流及沟谷侵蚀切割处、可溶岩与非可岩溶接触边缘、岩溶地下水排泄区等为岩溶强发育带和岩溶水富集地段。从竖向分布看，在当地侵蚀基准面以下30米范围浅部为岩溶强发育带，也为岩溶地下水的富集带。

4.1.2.2　深圳市地下水的补给来源

深圳地下水的主要补给来源为大气降水，补给量受大气降雨量及入渗系数的影响。深圳市各雨量站多年的降雨量观测资料，本区年降雨总量分布不均，东部地区明显高于西部地区，而且愈往西部，降雨量越少，十二个雨站中最少的为1346毫米，最多的为2175毫米，平均1809.4毫米。地下水的另一重要补给为河流侧向补给，这种补给主要发生在丰水季节，地表河流水位高于其两侧平原地带的潜水位，通过砂砾层孔隙向潜水含水层补给。本区较大的河流如龙岗河、观澜河等在丰水季节都会对其两侧的地下水进行补给。此外，修建水库、农田灌溉、坑塘积水都会使地下水获得新的补给。深圳修建于块状岩类中（主要是花岗岩）的水库，由于基岩裂隙较发育，或有断层通过，由此对地下水有一定的补给量，如铁岗水库、三洲田水库等。而修建于层状岩类中（石炭系、老第三系、侏罗系）的水库，由于岩石的裂隙开启度及连通性差，表部风化残积层黏土含量高，隔水性好，因而对地下水的补给量相对要小一些，如清林径水库、松子坑水库、深圳水库等。河流水库通过导水断裂带和第四系松散层透水段呈侧向渗入，是岩溶水重要的和稳定的补给源。

4.1.3　雨水滞留塘补水方案研究

4.1.3.1　雨水滞留塘结构形态设计

1. 设计原则

根据深圳市龙岗河流域地形地貌特点，在综合分析各种雨水集蓄工程的基础上，结合水土保持小流域生态治理工程建设的实践，选择布置雨水集蓄工程，并对其储水防渗工艺进行设计。在设计中应把握以下原则。

1）统筹考虑，系统管理。将水土保持、绿化灌溉、城市用水统筹考虑，通过对系统要素的有机结合和优化设计，做到保持水土与雨水径流集蓄储存及高效利用相统一。

2）因地制宜，因势利导。充分利用该地区地形地貌特点及降雨径流条件，通过各种集雨工程调控雨水径流、集蓄储存和治理水土流失，为居民生活和城市经济发展创造条件。

3）注重效益，高效用水。雨水径流的集蓄储存为城市所用，以获取最大的经济、生态和社会效益为所追求的目标。

4）简单易行，经济适用。选择造价低廉，技术成熟，施工简单的雨水集蓄工程类型，做到既符合当地现阶段分散经营发展小型水利工程的需要，又要方便城市用水。

另外，公路附近的储水设施与公路的距离应符合公路部门的有关规定。储水的进水管上应设闸板，并在适当位置布置排水道，当蓄水池蓄满后应立即停止进水，防止蓄水池超蓄损坏。

2. 雨水滞留塘结构推荐

设计的雨水滞留塘为小型蓄水工程设施，选择造价低廉、技术成熟、施工简单的雨水集蓄工程类型，参考《雨水利用工程技术规范》（SZDB/

Z49-2011）其机构包括以下部分：集雨及汇水设施、前处理设施、贮水设施、排水设施和其他附属设施。本项目中，除以上基本设施外，增加雨水下渗设施，以用于补充地下水。

（1）集雨及汇水设施

自然状态下的集雨面一般为具有一定坡度的自然坡面，坡度太小，则雨水不易汇入池内。为使雨水顺利汇入贮水池中，雨水滞留塘应尽可能选址在片区的相对低洼处。此外，根据选址地点的实际坡面情况，设计适当的汇水设施，可以根据滞留塘的位置，修建一条环形汇水沟，汇水沟应延伸至集雨坡面的两侧，同时要与水平面有一定的角度，以便使雨水能更容易地汇流收集。汇水沟要用水泥抹好，这样既能减少沟内雨水下渗，又能减轻水流对汇水沟的冲刷，汇水沟与预处理池相连。

（2）前处理设施

前处理设施主要为预处理池，设在滞留塘前端，其作用为沉淀泥沙、杂物，尽量使清水流入滞留塘内。预处理池为棱台状，池底为正方形，作硬化和防渗处理，池顶即地面部分为正方形（尺寸大于池底），四周斜坡为生态护坡。池底内泥沙、杂物等聚积到一定程度时，应及时清理。预处理池一侧设溢流口，雨水汇集在池内，通过溢流口进入雨水滞留塘。

（3）贮水设施

贮水设施即为雨水滞留塘。滞留塘为棱台状，池底作硬化和防渗处理，四周斜坡为生态护坡。池内种植水生植物，生态护坡的浅水地带种植芦苇、香蒲等浅水型植物。地面与滞留塘池底的高差为1.5米，设计滞留水位为1.3米。

（4）排水设施

排水口不能紧贴池底，以免被泥沙及其他杂物堵塞，故排水口距池底0.1米，补水过程中，雨水滞留塘也将留有高约0.1米的剩余水量，出水通过地下管道外排，直接汇入河流。此外，设溢流道，在雨量较大时可以将多余雨水及时排出。建立小型水泵装置，在必要时可以通过水泵抽取池水外排，以进行河道补水。

（5）其他附属设施

根据深圳市雨水利用工程技术规范（SZDB/Z 49-2011）的要求，因为雨水滞留塘的设计水位高于1.2米，四周将设置0.5米的安全护坡和宽1.5米、高0.5米的小型护堤。

3. 雨水下渗设施结构

根据《建筑与小区雨水利用工程技术规范》（GB50400-2006）的规定

和要求，雨水下渗设施应满足以下规定。

1）渗透设施的日渗透能力不宜小于其汇水面上重现期2年的日雨水设计径流总量。其中入渗池、井的日入渗能力不宜小于汇水面上的日雨水设计径流总量的1/3。

2）入渗系统应设有储存容积，其有效容积宜能调蓄系统产流历时内的蓄积雨水量。雨水渗透设施选择时宜优先采用绿地、透水铺装地面、渗透管沟、入渗井等入渗方式。

3）本项目采用入渗池（塘）的形式，应满足边坡坡度不宜大于1:3，表面宽度和深度的比例应大于6:1；应设有确保人身安全的措施。

本项目的入渗池前处理设施与雨水滞留塘共用，作为雨水下渗设施的径流污染控制设施，雨水通过溢流口进入下渗池。下渗池的底部与地下水位应保持在1米以上的距离，填料采用与小试实验装置相同配比的石英砂、高炉矿渣和草炭组成，下渗系数约可以达到6.7×10^{-5}米/秒，满足下渗系数范围1×10^{-6}米/秒～1×10^{-3}米/秒的要求。

4. 雨水滞留塘及下渗池平面布置图

雨水滞留塘平面布置可参照图4.1。各点位雨水滞留塘设计可根据地形特点、汇水条件等进行灵活设计。

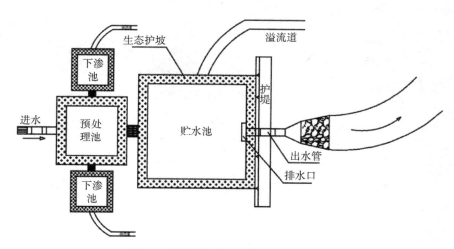

图 4.1 雨水滞留塘–下渗池平面布置图

4.1.3.2 雨水滞留塘补水设计

雨水滞留塘应布设在非建成区、用地类型为水域用地且离河流的距离应尽可能小的区域，为了满足雨水滞留塘集雨量的要求，新建的雨水滞留塘所在地的地形坡比应小于1。综合以上布置原则并结合龙岗河流域根据龙岗河流域地形地貌、用地权限及功能，拟在龙岗河流域新增布置21座雨水滞留塘，用于补充地表径流。21座雨水滞留塘总集雨面积为5 789 460平方米，枯水期（10月至次年3月）总补水量可以达到128.4万吨，月均补水量21.4万吨，日均补水量0.71万吨（表4.1、表4.2）。21座雨水滞留塘的位置见图4.2。

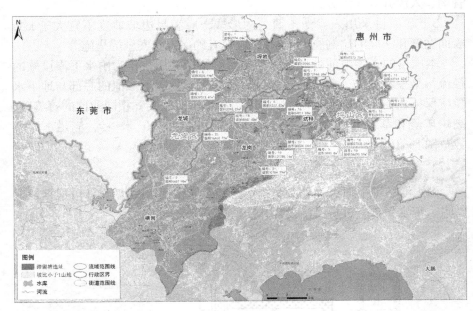

图 4.2 雨水滞留塘布置图

表 4.1 21 座雨水滞留塘参数情况表

编号	经度	纬度	可利用面积（平方米）	占地面积（平方米）	容积（立方米）	滞留蓄水量（立方米）	排后剩余水量（立方米）	全年复蓄次数	补给河道
1	114.300 33	22.797 85	2 775	1 387	2 081	1 804	139	10	柞梓河
2	114.238 71	22.672 274	6 468	3 234	4 851	4 204	323	10	简龙河
3	114.292 04	22.754 508	2 395	1 198	1 796	1 557	120	10	龙岗河
4	114.327 29	22.760 607	1 228	614	921	798	61	10	龙岗河
5	114.347 12	22.722 761	3 893	1 946	2 919	2 530	195	10	田坑水
6	114.266 64	22.768 577	3 826	1 913	2 869	2 487	191	10	花园河
7	114.272 27	22.764 398	29 373	14 687	22 030	19 093	1 469	10	花园河
8	114.321 75	22.780 834	12 564	6 282	9 423	8 167	628	10	黄沙河
9	114.368 58	22.764 624	72 947	36 473	54 710	47 415	3 647	10	马蹄沥
10	114.400 49	22.780 927	40 373	20 187	30 280	26 243	2 019	10	龙岗河
11	114.401 47	22.765 828	13 742	6 871	10 306	8 932	687	10	田脚水
12	114.410 75	22.759 8	23 156	11 578	17 367	15 052	1 158	10	田脚水
13	114.388 95	22.752 664	29 366	14 683	22 024	19 088	1 468	10	田脚水
14	114.372 19	22.724 629	27 033	13 517	20 275	17 571	1 352	10	田坑水
15	114.359 17	22.729 344	34 680	17 340	26 010	22 542	1 734	10	田坑水
16	114.327 04	22.731 526	54 021	27 011	40 516	35 114	2 701	10	茅湖水
17	114.320 83	22.725 71	38 534	19 267	28 901	25 047	1 927	10	上禾塘水
18	114.306 69	22.730 253	8 548	4 274	6 411	5 556	427	10	田心排水渠

续表

单位：立方米

编号	经度	纬度	可利用面积（平方米）	占地面积（平方米）	容积（立方米）	滞留蓄水量（立方米）	排后剩余水量（立方米）	全年复蓄次数	补给河道
19	114.296 09	22.726 881	121 780	60 890	91 335	79 157	6 089	10	同乐河
20	114.281 67	22.717 647	16 461	8 230	12 346	10 700	823	10	大原水
21	114.295 17	22.700 141	35 785	17 892	26 839	23 260	1 789	8	同乐河
合计			578 947	289 473	434 210	376 315	28 947		

表 4.2　21 座雨水滞留产流调蓄汇总表

单位：立方米

编号	集雨面积（平方米）	月份	1月	2月	3月	4月	5月	6月	7月	8月	9月	10月	11月	12月
1	27 745	集雨量	638	382	1 033	2 007	3 997	5 205	3 825	3 787	2 222	1 297	647	509
		补水量	916	660	1 311	204	3 997	5 205	3 825	3 787	2 222	1 574	925	786
		月末蓄水量	694	416	139	1 804	1 804	1 804	1 804	1 804	1 804	1 526	1 249	971
2	64 680	集雨量	1 488	891	2 409	4 679	9 317	12 133	8 917	8 829	5 180	3 023	1 509	1 186
		补水量	2 135	1 538	3 056	475	5 112	7 929	4 713	4 625	975	3 670	2 156	1 833
		月末蓄水量	1 616	969	323	4 204	4 204	4 204	4 204	4 204	4 204	3 557	2 910	2 263
3	23 953	集雨量	551	330	892	1 733	3 450	4 493	3 302	3 270	1 918	1 119	559	439
		补水量	724	503	1 065	576	3 450	4 493	3 302	3 270	1 918	1 292	732	612
		月末蓄水量	465	292	120	1 157	1 157	1 157	1 157	1 157	1 157	984	811	638

续表

编号	集雨面积（平方米）	月份	1月	2月	3月	4月	5月	6月	7月	8月	9月	10月	11月	12月
4	12 276	集雨量	282	169	457	888	1 768	2 303	1 692	1 676	983	574	286	225
		补水量	405	292	580	90	1 768	2 303	1 692	1 676	983	697	409	348
		月末蓄水量	306	183	61	798	798	798	798	798	798	675	552	429
5	38 926	集雨量	896	536	1 450	2 816	5 607	7 302	5 367	5 313	3 117	1 819	908	714
		补水量	1 285	925	1 839	286	5 607	7 302	5 367	5 313	3 117	2 208	1 297	1 103
		月末蓄水量	974	585	195	2 530	2 530	2 530	2 530	2 530	2 530	2 141	1 752	1 363
6	38 259	集雨量	880	527	1 425	2 768	5 511	7 177	5 275	5 222	3 064	1 788	893	701
		补水量	1 263	910	1 808	281	5 511	7 177	5 275	5 222	3 064	2 171	1 276	1 084
		月末蓄水量	955	572	191	2 487	2 487	2 487	2 487	2 487	2 487	2 104	1 721	1 338
7	293 734	集雨量	6 682	4 009	10 883	21 193	42 386	55 178	40 477	40 095	23 484	13 747	6 873	5 346
		补水量	9 619	6 946	13 820	2 100	42 386	55 178	40 477	40 095	23 484	16 684	9 810	8 283
		月末蓄水量	7 345	4 408	1 469	19 093	19 093	19 093	19 093	19 093	19 093	16 156	13 219	10 282
8	125 642	集雨量	2 858	1 715	4 655	9 065	18 130	23 602	17 314	17 150	10 045	5 880	2 940	2 287
		补水量	4 115	2 972	5 912	898	18 130	23 602	17 314	17 150	10 045	7 137	4 197	3 544
		月末蓄水量	3 139	1 882	628	8 167	8 167	8 167	8 167	8 167	8 167	6 910	5 653	4 396
9	729 466	集雨量	16 595	9 957	27 027	52 631	105 262	137 030	100 520	99 572	58 321	34 139	17 069	13 276
		补水量	23 890	17 252	34 322	5 216	105 262	137 030	100 520	99 572	58 321	41 434	24 364	20 571
		月末蓄水量	18 235	10 940	3 647	47 415	47 415	47 415	47 415	47 415	47 415	40 120	32 825	25 530

续表

编号	集雨面积（平方米）	月份	1月	2月	3月	4月	5月	6月	7月	8月	9月	10月	11月	12月
10	403 733	集雨量	9 185	5 511	14 958	29 129	58 259	75 841	55 634	55 109	32 278	18 895	9 447	7 348
		补水量	13 222	9 548	18 995	2 886	58 259	75 841	55 634	55 109	32 278	22 932	13 484	11 385
		月末蓄水量	10 095	6 058	2 019	26 243	26 243	26 243	26 243	26 243	26 243	22 206	18 169	14 132
11	137 415	集雨量	3 126	1 876	5 091	9 915	19 829	25 813	18 936	18 757	10 986	6 431	3 216	2 501
		补水量	4 500	3 250	6 465	983	19 829	25 813	18 936	18 757	10 986	7 805	4 590	3 875
		月末蓄水量	3 436	2 062	687	8 932	8 932	8 932	8 932	8 932	8 932	7 558	6 184	4 810
12	231 564	集雨量	5 268	3 161	8 579	16 707	33 415	43 499	31 910	31 609	18 514	10 837	5 419	4 214
		补水量	7 584	5 477	10 895	1 655	33 415	43 499	31 910	31 609	18 514	13 153	7 735	6 530
		月末蓄水量	5 788	3 472	1 158	15 052	15 052	15 052	15 052	15 052	15 052	12 736	10 420	8 104
13	293 655	集雨量	6 681	4 008	10 880	21 187	42 374	55 163	40 466	40 084	23 478	13 743	6 872	5 345
		补水量	9 618	6 945	13 817	2 099	42 374	55 163	40 466	40 084	23 478	16 680	9 809	8 282
		月末蓄水量	7 340	4 403	1 468	19 088	19 088	19 088	19 088	19 088	19 088	16 151	13 214	10 277
14	270 330	集雨量	6 150	3 690	10 016	19 504	39 009	50 782	37 251	36 900	21 613	12 651	6 326	4 920
		补水量	8 853	6 393	12 719	1 932	39 009	50 782	37 251	36 900	21 613	15 355	9 029	7 623
		月末蓄水量	6 759	4 055	1 352	17 572	17 572	17 572	17 572	17 572	17 572	14 869	12 165	9 462
15	346 801	集雨量	7 890	4 734	12 849	25 022	50 043	65 147	47 789	47 338	27 727	16 230	8 115	6 312
		补水量	11 358	8 202	16 317	2 480	50 043	65 147	47 789	47 338	27 727	19 698	11 583	9 780
		月末蓄水量	8 670	5 202	1 734	22 542	22 542	22 542	22 542	22 542	22 542	19 074	15 606	12 138

续表

编号	集雨面积(平方米)	月份	1月	2月	3月	4月	5月	6月	7月	8月	9月	10月	11月	12月
16	540 210	集雨量	12 290	7 374	20 015	38 976	77 952	101 479	74 441	73 739	43 190	25 282	12 641	9 832
		补水量	17 692	12 776	25 417	3 862	77 952	101 479	74 441	73 739	43 190	30 684	18 043	15 234
		月末蓄水量	13 505	8 103	2 701	35 114	35 114	35 114	35 114	35 114	35 114	29 712	24 310	18 908
17	385 340	集雨量	8 766	5 260	14 277	27 802	55 605	72 386	53 100	52 599	30 808	18 034	9 017	7 013
		补水量	12 620	9 113	18 130	2 755	55 605	72 386	53 100	52 599	30 808	21 887	12 870	10 867
		月末蓄水量	9 634	5 780	1 927	25 047	25 047	25 047	25 047	25 047	25 047	21 194	17 340	13 487
18	85 480	集雨量	1 945	1 167	3 167	6 167	12 334	16 057	11 779	11 668	6 834	4 000	2 000	1 556
		补水量	2 799	2 022	4 022	611	12 334	16 057	11 779	11 668	6 834	4 855	2 855	2 411
		月末蓄水量	2 137	1 282	427	5 556	5 556	5 556	5 556	5 556	5 556	4 701	3 846	2 992
19	1 217 800	集雨量	27 705	16 623	45 120	87 864	175 729	228 764	167 813	166 230	97 363	56 993	28 497	22 164
		补水量	39 883	28 801	57 298	8 707	175 729	228 764	167 813	166 230	97 363	69 171	40 675	34 342
		月末蓄水量	30 445	18 267	6 089	79 157	79 157	79 157	79 157	79 157	79 157	66 979	54 801	42 623
20	164 610	集雨量	3 745	2 247	6 099	11 876	23 753	30 922	22 683	22 469	13 160	7 704	3 852	2 996
		补水量	5 391	3 893	7 745	1 176	23 753	30 922	22 683	22 469	13 160	9 350	5 498	4 642
		月末蓄水量	4 115	2 469	823	10 700	10 700	10 700	10 700	10 700	10 700	9 054	7 408	5 762
21	357 850	集雨量	8 141	4 885	13 258	25 819	51 637	67 222	49 311	48 846	28 610	16 747	8 374	6 513
		补水量	11 720	8 463	16 837	2 559	51 637	67 222	49 311	48 846	28 610	20 326	11 952	10 091
		月末蓄水量	8 946	5 368	1 789	23 260	23 260	23 260	23 260	23 260	23 260	19 682	16 103	12 525

4.2 非供水山塘及小水库蓄水改造研究

4.2.1 流域山塘水库概况

本研究所指山塘水库是按照《水利水电工程等级划分及洪水标准（SL 252-2017）》，根据水库库容指标来划分的：水库总库容大于等于10亿吨为大（1）型水库，总库容大于等于1亿吨小于10亿吨为大（2）型水库，总库容大于等于0.1亿吨而小于1亿吨为中型水库，总库容大于等于0.01亿吨而小于0.1亿吨为小（1）型水库，总库容大于等于0.001亿吨而小于0.01亿吨为小（2）型水库。而总库容小于0.001亿吨（10万吨）的称为堰塘或塘坝（即本文所指山塘），不能称为水库。

以上述标准进行划分，深圳市龙岗河流域共有大（2）型水库1座，中型水库2座，小（1）型水库9座，小（2）型水库24座，山塘6座。

4.2.1.1 山塘

现有资料显示，龙岗河流域共有山塘6座，散布在横岗、龙岗和坪地三街道，其中横岗街道2座，分别为安良山塘和安良村拱坝塘，均为安良社区。龙岗街道1座，为南约山塘，坪地街道3座，分别为石陂头山塘（原石陂头水库）、红花岭山塘、余屋上山塘。其具体地理位置如图4.3所示。

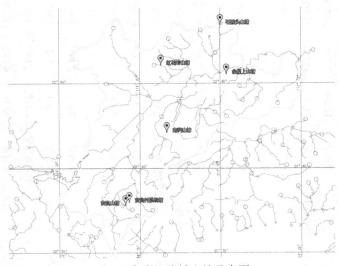

图 4.3 龙岗河流域山塘分布图

根据现有资料，6座山塘库容合计为14.3万吨，其中安良山塘库容未知（表4.3）。

表4.3　龙岗河流域山塘汇总表

序号	所在街道	山塘名称	所在社区	库容（万立方米）
1	横岗	安良山塘	安良	/
2		安良村拱坝塘	安良	2
3	龙岗	南约山塘	南约	6.5
4		石陂头山塘	六联	2
5	坪地	红花岭山塘	坪西	1.5
6		余屋上山塘	年丰	2.3
	合计			14.3

数据来源：《2017年水务统计手册》

4.2.1.2　水库

龙岗河流域共有大中小水库合计36座，其中龙岗区30座，坪山区6座。龙岗河流域内无大（1）型水库，仅有大（2）型水库1座，为清林径水库，目前属于在建状态，其库容包含了原黄龙湖水库、伯坳水库库容。中型水库2座，分别为铜锣径水库和松子坑水库。流域内大中型水库功能均为防洪、供水、调蓄，据统计，3座大中型水库总库容为24 952.9万吨，正常库容22 615.48万吨，死库容1 205.27，兴利库容21 410.21万吨。详细信息见龙岗河流域大中型水库水位库容特性表（表4.4）。

流域内小（1）型水库9座，分别是黄竹坑水库、白石塘水库、长坑水库、沙背坜水库、炳坑水库、三棵松水库、龙口水库、塘坑背水库、石桥坜水库。据统计，9座小（1）型水库基于面积合计16.34平方公里，总库容2 544.48万吨，正常库容2 107.6万吨，死库容55.25万吨，兴利库容2 052.35万吨。详细信息见龙岗河流域小（1）型水库水位库容特性表（表4.5）。

流域内共有小（2）型水库24座，分别为石寮水库、上禾塘水库、新生水库、茅湖水库、田祖上水库、太源水库、神仙岭水库、牛始窝水库、黄竹坑水库、南风坳水库、小坳水库、石龙肚水库、上西风坳水库、下西风坳水库、和尚径水库、企炉坑水库、三坑水库、上輋水库、石豹水库、花鼓坪水库、老鸦山水库、塘外口水库、鸡笼山水库，此外，老虎坜水库总库容已小于10万吨，按照国家规定总库容小于10万吨的蓄水工程称为塘坝，但由于其目前仍属于按照水库管理的蓄水工程，因此本文仍将其划为小（2）型水库。详细信息见龙岗河流域小（2）型水库水位库容特性表（表4.6）。

表 4.4 龙岗河流域大中型水库水位库容特性表

序号	水库名称	所在地点	建成日期（年、月）	集雨面积（平方公里）	设计标准（%）	校核标准（%）	特征水位（米）					总库容	特征库容（万立方米）				水库目前功能
							校核洪水位	设计洪水位	正常蓄水位	防限水位	死水位		正常库容	调洪库容	兴利库容	死库容	
1	清林径水库	龙城	扩建	28.2	0.2	0.02	80.29	79.87	79	*	51	18 600	17 300	*	16 800	500	防洪、供水、调蓄
2	铜锣径水库	横岗	扩建	5.64	0.2	0.02	84.26	83.29	80	*	60	2 400	1 563.78	*	1 306.51	257.27	防洪、供水、调蓄
3	松子坑水库	坑梓	1995.3	3.46	2	0.1	66.66	66.31	66	*	50	3 952.9	3 751.7	*	3 303.7	448	防洪、供水、调蓄
合计	/	/	/	37.3	/	/	/	/	/	/	/	24 952.9	22 615.48	/	21 410.21	1 205.27	

表 4.5　龙岗河流域小（1）型水库水位库容特性表

序号	水库名称	所在地点	建成日期（年、月）	集雨面积（平方公里）	设计标准（%）	校核标准（%）	特征水位（米）					特征库容（万立方米）					水库目前功能
							校核洪水位	设计洪水位	正常蓄水位	防限水位	死水位	总库容	正常库容	调洪库容	兴利库容	死库容	
1	黄竹坑水库	坪地	1991.12	3.4	1	0.1	57.48	56.98	55.3	55.3	42	309.09	223	86.09	210	13	供水、防洪
2	白石塘水库	坪地	1964.1	1.59	1	0.1	74.77	74.47	73	73	62.6	126.31	97	29.31	92.5	4.5	供水、防洪
3	长坑水库	坪地	1998.1	1.15	1	0.1	53.74	53.38	52.2	52.2	42	156.86	128	30.86	123.7	4.3	供水、防洪
4	沙背垇水库	龙岗	1966.12	1.24	2	0.1	49.59	49.31	48	48	37.5	109.74	88	21.59	82	6	防洪
5	栁坑水库	龙岗	1964.11	3.02	2	0.2	65.82	65.38	64.3	64.3	52.9	403.65	300	77.08	289.5	10.5	供水、防洪
6	三棵松水库	龙岗	1963.3	1.21	1	0.1	51.88	51.46	50.6	50.6	42.75	137.61	105.6	29.5	100.6	5	防洪

续表

序号	水库名称	所在地点	建成日期(年、月)	集雨面积(平方公里)	设计标准(%)	校核标准(%)	特征水位(米)					特征库容(万立方米)					水库目前功能
							校核洪水位	设计洪水位	正常蓄水位	防限水位	死水位	总库容	正常库容	调洪库容	兴利库容	死库容	
7	龙口水库	龙城	1995.8	1.93	2	0.1	72.86	72.48	72	72	53	997.48	924	73.48	916.7	7.3	供水、防洪、调蓄
8	塘坑背水库石桥	横岗	1964.6	1.06	2	0.2	73.64	73.43	72.8	72.8	65.2	111.74	94	17.74	90	4	供水、防洪
9	坑梓圾水库	坑梓	1962.4	1.74	2	0.2	45.2	44.75	43.8	43.8	34.5	192	148	44	147.35	0.65	防洪
合计			/	16.34	/	/	/	/	/	/	/	2544.48	2107.6	409.65	21410.21	1205.27	

表 4.6 龙岗河流域小（2）型水库水位库容特性表

序号	水库名称	所在地点	建成日期（年、月）	集雨面积（平方公里）	设计标准（%）	校核标准（%）	校核洪水位	设计洪水位	正常蓄水位	防限水位	死水位	总库容	正常库容	调洪库容	兴利库容	死库容	水库目前功能
													特征库容（万立方米）				
1	石碶水库	龙岗	1972.5	0.95	5	0.5	65.91	65.4	64	64	56.79	25.81	16.15	9.66	15.15	1	防洪
2	上禾塘水库	龙岗	1954.12	0.41	5	0.5	52.29	52.06	51.51	51.51	43.9	29.91	23	6.3	22.83	0.17	防洪
3	新生水库	龙岗	1952.3	0.5	5	0.5	52.53	52.27	51.4	51.4	46.13	24.72	14.59	3.87	14.49	0.1	防洪
4	茅湖水库	龙岗	1980.6	0.89	5	0.5	58.18	57.9	57.3	57.3	43.06	61.35	49	11	47.3	1.7	防洪、灌溉
5	田祖上水库	龙岗	1952.5	0.52	5	0.5	47.69	47.36	46.59	46.59	42.5	12.18	6.5	3.5	5.93	0.57	防洪
6	太源水库	龙岗	1957.4	0.42	5	0.5	47.9	47.65	47	47	41.11	24.75	21.2	3.55	19.88	1.32	防洪

87

续表

序号	水库名称	所在地点	建成日期(年、月)	集雨面积(平方公里)	设计标准(%)	校核标准(%)	特征水位（米）					特征库容（万立方米）					水库目前功能
							校核洪水位	设计洪水位	正常蓄水位	防限水位	死水位	总库容	正常库容	调洪库容	兴利库容	死库容	
7	神仙岭水库	龙城	1955.2	0.79	2	0.2	64.57	64.3	63.5	63.5	58	62.47	48.95	13.52	43.31	5.64	防洪
8	牛始窝水库	横岗	1988.8	0.42	5	0.5	72.93	72.76	72.46	72.46	63.5	59.6	54	5.6	53	1	防洪、供水
9	黄竹坑水库	横岗	1958.9	0.53	5	0.5	82.45	82.03	80.7	80.7	75.2	39.9	30	13.66	26	4	防洪、供水
10	南凤坳水库	横岗	1958.4	0.52	5	0.5	77.5	76.94	75.69	75.69	71.57	11.71	5.98	4.57	5.77	0.21	防洪、供水
11	小坳水库	横岗	1969.3	1.06	5	0.5	151.85	151.26	150	150	130	87.88	74.32	13.19	72.11	2.21	防洪、景观
12	石龙肚水库	横岗	1977.1	0.5	5	0.5	91.44	91.04	90.17	90.17	81.5	26.63	20.6	5.37	20.5	0.1	防洪

续表

序号	水库名称	所在地点	建成日期(年、月)	集雨面积(平方公里)	设计标准(%)	校核标准(%)	特征水位(米)					特征库容(万立方米)					水库目前功能
							校核洪水位	设计洪水位	正常蓄水位	防限水位	死水位	总库容	正常库容	调洪库容	兴利库容	死库容	
13	上西凤凼水库	横岗	1964.11	0.45	5	0.5	80.63	80.25	79.2	79.2	74.5	11.58	7.16	3.54	6.83	0.33	防洪
14	下西凤凼水库	横岗	1970.3	0.17	5	0.5	79.13	78.71	77.6	77.6	77.1	23.45	16.3	5.17	15.58	0.72	防洪
15	和尚径水库	坪地	1967.2	1.63	5	0.5	31.16	30.77	29.7	29.7	27.7	10.49	4.2	6.29	3.2	1	防洪
16	企炉坑水库	坪地	1955.12	0.35	2	0.2	41.65	41.38	40.5	40.5	35.7	17.41	12	5.4	11.5	0.5	防洪
17	三坑水库	坪地	1957.1	0.47	2	0.2	59.5	58.9	57.8	57.8	50	45.2	31	14.2	30.1	0.9	防洪
18	上輋水库	坪地	1992.4	0.65	2	0.2	53.85	53.63	52.5	52.5	42	48.55	37	11.55	35.25	1.75	防洪
19	石豹水库	坪地	1957.2	0.71	3.33	0.33	58.5	58	56.5	56.5	48.7	20.98	14	6.98	13.7	0.3	防洪

续表

序号	水库名称	所在地点	建成日期(年、月)	集雨面积(平方公里)	设计标准(%)	校核标准(%)	特征水位(米)					特征库容(万立方米)					水库目前功能
							校核洪水位	设计洪水位	正常蓄水位	防限水位	死水位	总库容	正常库容	调洪库容	兴利库容	死库容	
20	花坡坪水库	坑梓	1963.12	0.82	5	0.5	38.48	38.07	36.4	36.4	35.82	19.97	11.93	13.25	2.81	9.12	防洪、灌溉
21	老鸦山水库	坑梓	1994.9	0.34	5	0.5	40.42	40.09	39	39	33.5	12.81	7.14	5.08	6.48	0.66	防洪、供水
22	塘外口水库	坑梓	1965.3	0.32	5	0.5	42.6	42.4	42.18	42.18	37.52	41.3	35.53	5.77	32.41	3.12	养殖
23	鸡笼老虎山水库	坑梓	1954.3	0.57	5	0.5	50.49	50.23	49.72	49.72	43.76	48.19	38.75	9.31	36.83	1.92	防洪、景观
24	老虎坜水库	园山	1962.3	0.2	*	*	75.33	*	*	*	*	7.91	5.85				塘坝(蓄水工程)
合计	/	/	/	14.19	/	/	/	/	/	/	/	774.75	585.15	180.33	540.96	38.34	/

4.2.2　非供水山塘水库概况

4.2.2.1　非供水山塘水库清单

根据深圳市水务局《2017年深圳水务统计手册》，龙岗河流域大中型水库全部为供水水库，小（1）型水库、小（2）型水库中共有23座为非供水水库。

经进一步统计，小（1）型水库中共有沙背坜水库、三棵松水库、石桥坜水库等3座为非供水水库，小（2）型水库则共有20座为非供水水库，分别为石寮水库、上禾塘水库、新生水库、茅湖水库、田祖上水库、太源水库、神仙岭水库、小坳水库、石龙肚水库、上西风坳水库、下西风坳水库、和尚径水库、企炉坑水库、三坑水库、上畬水库、石豹水库、花鼓坪水库、塘外口水库、鸡笼山水库、老虎坜水库等。各非供水小型水库的具体分布如图4.4所示。

据统计，23座非供水小水库总库容1 090.08万吨，正常库容829.63万吨，兴利库容779.66万吨。更详细的信息见非供水小型水库水位库容特性表（表4.7）。

龙岗河流域6座山塘均无供水功能，均属于非供水山塘。

图 4.4　龙岗河流域非供水小水库分布图

表 4.7 非供水小型水库水位库容特性表

序号	水库名称	所在地点	建成日期(年、月)	集雨面积(平方公里)	设计标准(%)	校核标准(%)	特征水位（米）					总库容	特征库容（万立方米）				水库目前功能
							校核洪水位	设计洪水位	正常蓄水位	防限水位	死水位		正常库容	调洪库容	兴利库容	死库容	
1	沙背坜水库	龙岗	1966.12	1.24	2	0.1	49.59	49.31	48	48	37.5	109.74	88	21.59	82	6	防洪
2	三棵松水库	龙岗	1963.3	1.21	1	0.1	51.88	51.46	50.6	50.6	42.75	137.61	105.6	29.5	100.6	5	防洪
3	石桥坜水库	坑梓	1962.4	1.74	2	0.2	45.2	44.75	43.8	43.8	34.5	192	148	44	147.35	0.65	防洪
4	石簕水库	龙岗	1972.5	0.95	5	0.5	65.91	65.4	64	64	56.79	25.81	16.15	9.66	15.15	1	防洪
5	上禾塘水库	龙岗	1954.12	0.41	5	0.5	52.29	52.06	51.51	51.51	43.9	29.91	23	6.3	22.83	0.17	防洪
6	新生水库	龙岗	1952.3	0.5	5	0.5	52.53	52.27	51.4	51.4	46.13	24.72	14.59	3.87	14.49	0.1	防洪

续表

序号	水库名称	所在地点	建成日期(年、月)	集雨面积(平方公里)	设计标准(%)	校核标准(%)	特征水位(米)					特征库容(万立方米)					水库目前功能
							校核洪水位	设计洪水位	正常蓄水位	防限水位	死水位	总库容	正常库容	调洪库容	兴利库容	死库容	
7	莘湖水库田祖	龙岗	1980.6	0.89	5	0.5	58.18	57.9	57.3	57.3	43.06	61.35	49	11	47.3	1.7	防洪、灌溉
8	上水库	龙岗	1952.5	0.52	5	0.5	47.69	47.36	46.59	46.59	42.5	12.18	6.5	3.5	5.93	0.57	防洪
9	太源水库	龙岗	1957.4	0.42	5	0.5	47.9	47.65	47	47	41.11	24.75	21.2	3.55	19.88	1.32	防洪
10	神仙岭水库	龙城	1955.2	0.79	2	0.2	64.57	64.3	63.5	63.5	58	62.47	48.95	13.52	43.31	5.64	防洪
11	小坳水库	横岗	1969.3	1.06	5	0.5	151.85	151.26	150	150	130	87.88	74.32	13.19	72.11	2.21	防洪、景观
12	石龙肚水库	横岗	1977.1	0.5	5	0.5	91.44	91.04	90.17	90.17	81.5	26.63	20.6	5.37	20.5	0.1	防洪

续表

序号	水库名称	所在地点	建成日期（年、月）	集雨面积（平方公里）	设计标准（%）	校核标准（%）	特征水位（米）					特征库容（万立方米）					水库目前功能
							校核洪水位	设计洪水位	正常蓄水位	防限水位	死水位	总库容	正常库容	调洪库容	兴利库容	死库容	
13	上西风坳水库	横岗	1964.11	0.45	5	0.5	80.63	80.25	79.2	79.2	74.5	11.58	7.16	3.54	6.83	0.33	防洪
14	下西风坳水库	横岗	1970.3	0.17	5	0.5	79.13	78.71	77.6	77.6	77.1	23.45	16.3	5.17	15.58	0.72	防洪
15	和尚径水库	坪地	1967.2	1.63	5	0.5	31.16	30.77	29.7	29.7	27.7	10.49	4.2	6.29	3.2	1	防洪
16	企炉坑水库	坪地	1955.12	0.35	2	0.2	41.65	41.38	40.5	40.5	35.7	17.41	12	5.4	11.5	0.5	防洪
17	三坑水库	坪地	1957.1	0.47	2	0.2	59.5	58.9	57.8	57.8	50	45.2	31	14.2	30.1	0.9	防洪
18	上畚水库	坪地	1992.4	0.65	2	0.2	53.85	53.63	52.5	52.5	42	48.55	37	11.55	35.25	1.75	防洪

续表

序号	水库名称	所在地点	建成日期(年、月)	集雨面积(平方公里)	设计标准(%)	校核标准(%)	特征水位(米)					特征库容(万立方米)					水库目前功能
							校核洪水位	设计洪水位	正常蓄水位	防限水位	死水位	总库容	正常库容	调洪库容	兴利库容	死库容	
19	石豹水库	坪地	1957.2	0.71	3.33	0.33	58.5	58	56.5	56.5	48.7	20.98	14	6.98	13.7	0.3	防洪
20	花鼓坪水库	坑梓	1963.12	0.82	5	0.5	38.48	38.07	36.4	36.4	35.82	19.97	11.93	13.25	2.81	9.12	防洪、灌溉
21	塘外口水库	坑梓	1965.3	0.32	5	0.5	42.6	42.4	42.18	42.18	37.52	41.3	35.53	5.77	32.41	3.12	养殖
22	鸡笼山水库	坑梓	1954.3	0.57	5	0.5	50.49	50.23	49.72	49.72	43.76	48.19	38.75	9.31	36.83	1.92	防洪、景观
23	老虎圳水库	园山	1962.3	0.2	*	*	75.33	*	*	*	*	7.91	5.85				塘坝(蓄水工程)
合计		/	/	16.57	/	/	/	/	/	/	/	1090.08	829.63	246.51	779.66	44.12	/

4.2.2.2　水资源利用现状

根据《深圳市社会发展和现代化统计监测年报（2017年全年）》，深圳市全年降水量为1 935.8毫米，蒸发量为1 433.2毫米，由前文可知，龙岗流域内非供水小水库的集水面积约为14.19平方公里，据此核算（不考虑下渗等因素），非供水小水库全年理论可利用水资源量为713.19万吨/年。

目前，该部分水资源尚未得到充分利用，因此本研究拟通过非供水山塘小水库将这部分水资源存储起来，枯水期用于龙岗河流域河流的生态补水，而根据前述水库调查分析可知，流域内非供水小水库的兴利库容780.0万吨/年，客观上能够满足储水需求。

4.2.3　非供水山塘水库库容可释放性分析

4.2.3.1　可补水山塘水库筛选

（1）筛选原则

在对龙岗河流域非供水山塘水库的基本特征和水资源利用情况进行详细调查的基础上，综合评估各非供水山塘水库作为生态补水水源的可能性。评估主要遵循以下原则。

原则一，非供水山塘水库库容释放不影响流域内社区、街道的日常生活与生产，即要求非供水山塘水库未被当地社区、村委等部门作为饮用水源、鱼塘等其他功能使用，而是仍仅具备防洪、调蓄、景观等功能。

原则二，非供水山塘水库自身正常稳定运行，即库内正常蓄水，水库硬件条件如库内环境、堤坝安全性、泄洪通道、泄洪闸门等运转正常，相关管理人员与管理措施完备。

原则三，符合非供水山塘水库未来的管理规划，并符合龙岗河流域相关供水规划如《深圳市给水系统布局规划修编》等规划，对全区远期供水系统规划布局影响降到最低。

原则四，始终围绕河流生态需水这一中心目标，非供水山塘水库与下游河流之间补水路径通畅，能够实现水库-河流的有效对应。

（2）筛选结果

遵循以上原则，结合前述对龙岗河流域内非供水山塘水库的实际调查情况，确定可用于补水的非供水小水库23座，非供水山塘1座，评估筛选结果如表4.8所示。

表 4.8　龙岗河流域可补水山塘水库筛选结果

序号	水库名称	对应下游河流	评估结果
1	沙背坜水库	沙背坜水	可释放
2	三棵松水库	三棵松水	可释放
3	石桥坜水库	三角楼水	可释放
4	石寮水库	水二村支流	可释放
5	上禾塘水库	上禾塘水	可释放
6	新生水库	新生水	可释放
7	茅湖水库	茅湖水	可释放
8	田祖上水库	花园河	可释放
9	太源水库	大原水	可释放
10	神仙岭水库	爱联河	可释放
11	小坳水库	梧桐山河（龙岗）	可释放
12	石龙肚水库	梧桐山河（龙岗）	可释放
13	上西风坳水库	梧桐山河（龙岗）	可释放
14	下西风坳水库	梧桐山河（龙岗）	可释放
15	和尚径水库	电镀厂排水渠	可释放
16	企炉坑水库	杧梓河（黄沙河左支流）	可释放
17	三坑水库	三坑水	可释放
18	上輋水库	上輋水	可释放
19	石豹水库	石豹水	可释放
20	花鼓坪水库	花鼓坪水	可释放
21	塘外口水库	田坑水	可释放
22	鸡笼山水库	田脚水	可释放
23	老虎坜水库	新塘村排水渠	可释放
24	余屋上山塘	龙岗河干流	可释放

4.2.3.2　可释放水量分析

（1）可释放水量计算方法

可释放水量与水库库容有关。库容是指水库某一水位以下或两水位之间的蓄水容积，是表征水库规模的主要指标。通常，水库库容指标有总库容、正常库容、兴利库容和死库容等。校核洪水位（关系水库安全的水位）以下的水库容积称总库容；正常蓄水位以下的库容为正常库容；

水库在正常运用情况下，允许消落到的最低水位，称死水位，又称设计低水位，死水位以下的库容称为死库容，水库运行必须保持最低的蓄水量，以维持水库生态，该部分水量除遇到特殊的情况外它不直接用于调节径流；正常蓄水位与死水位之间的库容称兴利库容，又称调节库容，在正常运用情况下，其中的水可用于供水、灌溉、水力发电、航运等兴利用途。

因此，本文各补水水库的补水量按照兴利库容进行计算，即补水量为正常库容减去死库容的量。计算公式为：

$$Q=Q_1-Q_2$$

其中，Q 为生态补水量，Q_1 为正常库容，Q_2 为死库容。

（2）可释放水量计算结果

表 4.9 龙岗河流域可补水山塘水库筛选结果

序号	水库名称	对应下游河流
1	沙背坜水库	82.2
2	三棵松水库	100.8
3	石桥坜水库	147.6
4	石寮水库	15
5	上禾塘水库	22.8
6	新生水库	14.4
7	茅湖水库	47.4
8	田祖上水库	6
9	太源水库	19.8
10	神仙岭水库	43.2
11	小坳水库	72
12	石龙肚水库	20.4
13	上西风坳水库	6.6
14	下西风坳水库	15.6
15	和尚径水库	3
16	企炉坑水库	11.4
17	三坑水库	30
18	上輋水库	35.4
19	石豹水库	13.8
20	花鼓坪水库	3

续表

序号	水库名称	对应下游河流
21	塘外口水库	32.4
22	鸡笼山水库	36.6
23	老虎坜水库	0.6
24	余屋上山塘	9
	合计	789.0

由表4.9可知，龙岗河流域非供水山塘水库可释放水量合计为789.0万吨/年，其中23座非供水小水库合计可释放水量780.0万吨/年，1座非供水山塘可释放水量9.0万吨/年。

4.2.3.3 可释放水质分析

对上述24个非供水山塘水库进行了现场采样，除了石桥坜水库、石寮水库、上西风坳水库、花鼓坪水库等4座水库由于不具备采样条件无法采样之外，其余20座均采取水样并进行了COD_{Cr}、$NH_3\text{-}N$、TP三项水质指标的分析。各项指标检测结果见表4.10。

表 4.10 龙岗河流域可补水山塘水库水质分析汇总表

序号	水库名称	COD_{Cr} （毫克/升）	$NH_3\text{-}N$ （毫克/升）	TP （毫克/升）	水质类别	备注
1	沙背坜水库	14.7	0.059	0.02	Ⅲ类	
2	三棵松水库	26	0.292	0.14	Ⅴ类	
3	石桥坜水库	/	/	/	/	无法采样
4	石寮水库	/	/	/	/	无法采样
5	上禾塘水库	39	0.378	0.31	劣Ⅴ类	
6	新生水库	26	3.23	0.74	劣Ⅴ类	
7	茅湖水库	20	0.025（L）	0.04	Ⅲ类	
8	田祖上水库	14	0.081	0.03	Ⅲ类	
9	太源水库	15	0.074	0.06	Ⅳ类	
10	神仙岭水库	6	0.042	0.01	Ⅲ类	
11	小坳水库	9	0.043	0.02	Ⅲ类	
12	石龙肚水库	11	0.048	0.02	Ⅲ类	
13	上西风坳水库	/	/	/	/	无法采样
14	下西风坳水库	12	0.082	0.04	Ⅲ类	

续表

序号	水库名称	COD$_{Cr}$（毫克/升）	NH$_3$-N（毫克/升）	TP（毫克/升）	水质类别	备注
15	和尚径水库	6	1.17	0.10	V类	
16	企炉坑水库	24	0.068	0.05	IV类	
17	三坑水库	20	0.060	0.01	III类	
18	上輋水库	10	0.038	0.03	III类	
19	石豹水库	4（L）	0.046	0.06	IV类	
20	花鼓坪水库	/	/	/	/	无法采样
21	塘外口水库	22	0.083*	0.12	V类	
22	鸡笼山水库	8	0.055	0.19	V类	
23	老虎圻水库	9	0.025	0.02	III类	
24	余屋上山塘	22	0.129	0.10	IV类	
地表水（GB3838-2002）III类水质标准		20	1.0	0.05		

整体水质类别评价结果如图4.5所示。水质达到III类水的山塘水库10座，占比50%；达到IV类水的山塘水库4座，占比20%；达到V类水的山塘水库4座，占比20%；水质劣于地表水V类标准的2座，占比10%。

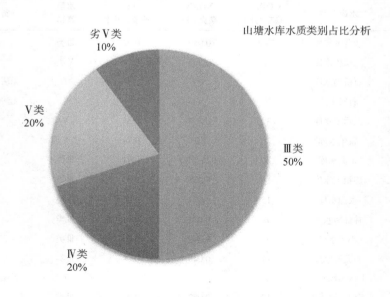

图 4.5 龙岗河流域可补水山塘水库水质类别分析图

从超标指标来看，COD_{cr}超标5次，占比25%，NH_3-N超标2次，占比10%，TP超标8次，占比40%。可见，各山塘水库主要超标指标为COD_{cr}和TP，这与库区历史上或现在有部分养殖现象有关。

综上所述，龙岗河流域山塘水库90%可达到地表水Ⅴ类标准，而目前龙岗河西湖村考核断面水质为劣Ⅴ类，因此，本研究利用山塘水库对龙岗河进行补水，在水质方面具有可行性。

4.2.4　非供水山塘水库扩容及改造可行性分析

4.2.4.1　流域用地优化依据

本研究所指用地优化是在不违背广东省、深圳市土地开发相关法律法规、城市发展规划以及相关保护规定等土地利用相关规划的原则下，实现非供水山塘及小水库扩容改造。

（1）广东省土地利用总体规划（2006～2020）

广东省土地利用总体规划（2006～2020）为加强对生态保护区以及敏感区的保护，划定了土地利用空间管制区。禁止建设区：包括自然保护区核心区、饮用水源一级保护区、地质灾害危险区，以及法律法规禁止建设占用的其他区域。限制建设区：主要河流、湖泊坡度25°以上的农用地和未利用地原则上不进行建设开发，确需建设开发的，须经严格论证。

（2）深圳市基本生态控制线

深圳市于2005年划定了深圳市基本生态控制线，印发了《深圳市基本生态控制线管理规定》［深圳市人民政府令（第145号）］，基本生态控制线管理规定要求，禁止在基本生态控制线范围内建设除重大道路交通设施、市政公用设施、旅游设施、公园等以外的其他设施。2013年，为进一步提高我市生态线管理的精细度和可操作性，兼顾社会基层民生发展、公益性及市重大项目建设需求，遵照深圳市人民代表大会和深圳市人民政府（以下简称市政府）的部署要求，依据《深圳市基本生态控制线管理规定》和相关法定规划，对生态线进行局部优化（深附函〔2013〕129号），并对《深圳市基本生态控制线管理规定》进行了修订，与生态环境保护相适宜的农业、教育、科研等设施被调出生态控制线的禁止建设范围。因此，深圳市基本生态控制线内可建设重大道路交通设施、市政公用设施、旅游设施、公园，以及与生态环境保护相适宜的农业、教育、科研等设施。

（3）深圳市城市总体规划（2010～2020）

深圳市城市总体规划（2010～2020）中对禁建区、限建区范围和管制要求提出了明确规定：禁建区是城市基本生态控制线范围内非经特殊许可不得建设的区域，包括一级水源保护区、风景名胜区、自然保护区、基本农田保护区、主要河流、水库、坡度大于25%的山林地、维护生态系统完整性的生态廊道、具有生态保护价值的湿地和岛屿等。禁建区内应采取最严格的土地保护管理措施，保证基本农田与优质林地不受侵占；限建区指基本生态控制线内除禁建区外的所有区域，限建区内所有新增建设和针织改造都必须符合基本生态控制线管理相关法规和规定，并经严格的法定程序审批。

（4）深圳市城市建设与土地利用"十三五"规划

规划期限为2016年至2020年。规划提出大力开展建设用地清退。把实施建设用地清退作为控制建设用地总规模、平衡土地供需矛盾、优化建设用地布局、保护生态环境的重要手段。以年度实施计划为抓手，落实《深圳市建设用地清退工作方案（2016～2020年）》，开展建设用地清退工作，重点清退一级水源保护区、自然保护区、国家级风景名胜区等重要生态功能区内的建设用地。通过开展建设用地清退工作，将不符合规划、违法建设、存在生态安全隐患、低效粗放利用的现状建筑现场拆除并复绿，土地用途变更为非建设用地；理清土地权属关系，为未来城市发展、重大项目实施腾挪发展空间，优化土地利用结构布局，提升生态服务水平。

4.2.4.2 扩容改造可行性分析

1.扩容改造技术

山塘水库现有可选的扩容改造技术有以下几种：针对水库库容而进行的排沙排泥、机械清淤措施，针对库底安全而进行的防渗措施，对山塘水库大坝进行加固，针对泄洪通道或具备同样功能的涵管进行维护，建立山塘水库动态监管系统等。分述如下。

（1）排沙排泥

泥沙淤积不仅侵占部分防洪库容，同时也对水库堤坝和下游防洪安全构成隐患。

水力排沙：通过调节闸门运用水力进行清淤，无须额外清淤成本。深圳降水量大可以满足其水量需求。但此法只是将泥沙转移到下游河道，对排水渠、下游河道的容纳量有一定要求，可能需要后续对河道的清淤处理。对于中小型水库，水利排沙可以分为滞洪排沙、异重流排沙、泄空排沙三种方式。

滞洪排沙：在空库或者低水位下，当洪水到来时及时开启闸门，利用洪水冲刷水库，同时避免淤积洪水所带泥沙。排沙效果较好。

异重流排沙：水库在含沙量较大的洪水入库时，因其密度明显比水库原有的水要大，会产生异重流现象，使流入水流沿库底流动。此时开启闸门，可利用异重流的冲刷排出库底泥沙。此法排沙效率比滞洪排沙力低，其优势在于不需要泄空库容，不影响蓄水。

泄空排沙：由于丰水期水沙比较集中，利用此种方式排沙效果较好。但用此方法排沙还必须注意闸门的开启时间、泄量大小和滞洪历时等问题。

（2）机械清淤

机械清淤分为陆上清淤与水下清淤。对于允许排空的水库，可以在水库排空后进行人工清淤，较为经济方便；而对于必须保证全年蓄水的水库只能使用水下清淤。水下清淤有以下几种方式。

虹吸清淤：利用水库上下游水位落差为动力，通过由操作船、吸头、管道、连接建筑物组成的虹吸清淤装置清淤。排出浑水的含沙量一般达100～150千克/立方米，最大可达700千克/立方米。主要优点在于较为经济。

气力泵清淤：以压缩空气为动力的清淤设备，排出浑水的含沙量平均达500千克/立方米，最大达900千克/立方米。优点在于磨损小、维修方便、排泥浓度高，适用范围广，可以结合抽水灌溉排沙。

挖泥船清淤：其优点是机动性好，不受水库调度影响，耗水量少。缺点在于成本及管理费用较高。

（3）防渗措施

水库建筑长期受到外部环境侵蚀和水体冲刷，容易产生渗漏。渗漏会降低水库的蓄水能力，同时还会影响水库政体结构的稳定性。常见的防渗措施有以下三种。

帷幕灌浆：指通过往岩石中灌入混凝土浆形成防渗帷幕的方法。其施工基本顺序是钻孔→冲洗→制浆→注浆→封孔。帷幕灌浆施工操作便捷度较高，在施工中结合施工方案要求，在规定基岩上进行钻探，注入的浆液凝固之后，能建立稳定性较强的保护结构，从而形成帷幕防渗系统，实际应用范围广。

防渗墙：使用防渗材料构筑墙体，是运用最广泛的防渗方法。一般采用塑性混凝土，施工采用泥浆固壁成槽后浇筑。也有掺杂其他材料的案例，包括鹅卵石等。

防渗土工膜：土工膜具有较好的隔水性能，同时有较好的防护性，主要为聚氯乙烯膜（PVC膜）和聚乙烯膜（PE膜）。因为最好的土工膜使用寿命也只有二十年，所以一般不作为独自使用。在缺土区域或是有重量限制时比另外两种方法有一定优势。

（4）坝体加固

对于浆砌石坝、混凝土坝，以及溢洪道、输水洞等，由于施工质量差或基础处理不完善，且随着使用年限增长，出现大量的碳化、裂缝、露筋、剥离、冲蚀、溶滤、渗漏等问题，以致带来安全隐患，如防洪不安全，即防洪标准达不到规范要求；大坝渗流不安全，即坝体或坝基存在渗漏，大量土石坝出现管涌、流土、接触冲刷等渗透破坏问题，浆砌石及混凝土坝发生溶滤破坏；抗震不安全，即水库大坝的抗震性能不满足现行规范要求；输水及泄洪建筑不安全，即输水及泄洪建筑的结构强度及稳定系数不满足规范要求；管理设施不完善，多数病险水库的水文测报与大坝观测系统不完善，许多水库的管理设施陈旧落后，防汛道路标准低，甚至没有防汛道路。

针对以上问题，有如下解决方式：坝高加高，培厚大坝背水坡，给大坝"戴帽"加高，提高防洪标准。新建或修复水雨情监测设施，收集水文资料，分析洪水规律，实现科学调度。消除蚁患，白蚁治理常用方法有破巢除蚁、药物诱杀、药物灌浆、熏烟毒杀和锥灌灭蚁等；规范管理，设置专门的小型水库安全监督管理机构，统一管理，巩固除险加固成果。

（5）涵管维护

输水涵管是小型水库三大水工建筑物之一，管径太小或疏于管理时需要维修加固施工。开挖重建涵管的方式现已基本淘汰，工程中大多采用顶管法，即是在土坝下游侧构筑顶管工作坑及油压千斤顶支承镇墩，用经纬仪和水准仪校正方位和高程后，用油压千斤顶将钢管逐节顶进土坝的管道敷设施工方法。顶管法分为套管（大管）顶管法和挤压（小管）顶管法，前者需要人工挖出通道，后者因孔道较小，使用套头打通通道，最后再卸掉套头。另有构建虹吸涵管的方法，施工量能大大减少，但受到山体等多方面限制，同时一旦养护不好将无法启动输水。

（6）动态监管系统

目前的山塘水库管理方式是从巡查员到上层管理人员，使用微信进行各方面多种形式的沟通，但也会有信息不准确、反应不够及时，不同单位交流不够顺畅以及巡查人员懈怠的情况。应当构建一个针对性强而有效的正式监管系统。

由于微信软件的普遍、包容性以及较好的优化，可以考虑在其内部构建。对于所有用户，平台应该及时通报突发险情，保证一线人员和决策人员对信息的把握。对于巡查人员，应当方便巡查人员对包括文字、图片等形式的数据的上报和对上级指令的获取，同时允许巡查人员传输实时位置作为巡查依据。对于管理人员，应上传下达，同时方便进行数据汇总，通过智能文件参考、数据参考方便管理人员对数据进行基本分析。对于决策人员端，除了信息的及时传递，还应有较强的自行分析能力、预测能力，为决策提供参考。

2. 扩容改造方案选取及可行性分析结果

为保证扩容改造方案的可行性，本次涉及的非供水山塘水库由于其位置及周边环境的不同，在进行扩容改造方案选取时遵循以下几个原则。

原则一，位于较集中的建成区，如集中的居民区、工业区、城市主要道路附近的山塘水库，原则上不进行工程扩容改造，建议维持现状，加强日常管理。

原则二，整体库区位置山地丘陵以内的山塘水库，可考虑通过清淤挖潜等手段提高水库库容，必要时对相应的堤坝进行加固。

原则三，对于现状兴利库容在30万吨以上的水库，根据需要决定是否进行工程扩容改造，但建议统一建立动态监管系统。

基于以上原则，本文提出的非供水小水库扩容改造方案及颗星新分析结果如表4.11所示。

表 4.11 非供水山塘小水库扩容改造方案一览表

序号	水库名称	现状兴利库容（万吨）	现状情况	改造方案	改造后兴利库容（万吨）	可行性分析结果
1	沙背坳水库	82	坝址位于水库西侧，建有溢洪道	水库北部及东部延伸片区进行清淤，建立动态监管系统	85	可行
2	三棵松水库	100.6	水库位于丹梓西路北侧，一侧为山地，一侧为建成区	工程部分维持现状，建议建立动态监管系统	100.6	可行
3	石桥坳水库	147.35	坝址位于水库东侧，水库面积萎缩	恢复水库原貌，建立动态监管系统	147.35	可行
4	石寮水库	15.15	卫星图显示无水	清淤，加固堤坝	15.15	可行
5	上禾塘水库	22.83	坝址位于水库西北侧，建有溢洪道。北侧库中建有通道	减少北部人为影响，必要时清淤	22.83	可行
6	新生水库	14.49	卫星图显示无水	清淤挖潜	16	可行
7	茅湖水库	47.3	坝址位置水库南侧，建有溢洪道	维持现状	47.3	/

续表

序号	水库名称	现状兴利库容（万吨）	现状情况	改造方案	改造后兴利库容（万吨）	可行性分析结果
8	田祖上水库	5.93	紧邻盐龙大道，坝址位于东侧	维持现状	5.93	/
9	太源水库	19.88	位于沈海高速南侧，坝下为厂房	建立动态监管系统，适当扩容	20.0	可行
10	神仙岭水库	43.31	爱联河上游水源地	维持现状	43.31	/
11	小坳水库	72.11	全库位于山地内	扩容挖潜，建立动态监管系统	75	可行
12	石龙肚水库	20.5	三面环山，一侧为混凝土坝。留有泄洪道	维持现状	20.5	/
13	上西风坳水库	6.83	经调查现状无水，库内杂草丛生	丰水期再次蓄水前除草减淤	7.0	可行
14	下西风坳水库	15.58	与上西风坳水库相连，建有排洪渠	维持现状	15.58	/
15	和尚径水库	3.2	位于主路西侧，不宜大型施工	维持现状	3.2	/
16	企炉坑水库	11.5	全库区位于山地	扩容挖潜，建立动态监管系统	13	可行
17	三坑水库	30.1	坝址位于库区南侧，坝下游不远处即为建成区	维持现状	30.1	/
18	上輋水库	35.25	上輋水源头，位于山区内	扩容挖潜，建立动态监管系统	37	可行
19	石豹水库	13.7	水库周边有开挖	扩容挖潜	15	可行
20	花鼓坪水库	2.81	水库已较原状萎缩	维持现状	2.81	/
21	塘外口水库	32.41	紧邻绿梓大道，水库被小路分为两段，水库边缘被侵占	建立动态监管系统	32.41	可行
22	鸡笼山水库	36.83	由南北两个片区组成，周边为公园和建成区	建立动态监管系统	36.83	可行
23	老虎坜水库	0.6	位于园山景区内部	维持现状	0.6	/
24	余屋上山塘	9	三面环山，水量较充足	维持现状	9	/
合 计		789.2			801.5	

　　由表 4.11 可知，可以实施扩容改造的水库共有 8 座，改造后兴利库容约可以达到 801.5 万吨，较原兴利库容增长 1.5%。可见，非供水山塘水库

扩容潜力极其有限，主要需要通过做好防渗、大坝加固、溢洪道整修、建立水库动态监管系统、雨水情测报系统等管理措施来保证水库蓄水的稳定性，从而为河流枯水期生态补水提供稳定的补水水源。

4.3 规模化尾水回调优化补水研究

4.3.1 水质净化厂概况

龙岗河流域深圳片区共有水质净化厂6座，分别为横岗水质净化厂一期、横岗水质净化厂二期、横岭水质净化厂一期、横岭水质净化厂二期、龙田水质净化厂和沙田水质净化厂，设计处理规模为91万吨/日。目前，横岭水质净化厂一期、横岭水质净化二期、龙田水质净化厂、沙田水质净化厂等正在进行提标改造，提标后出水标准达到地表水准Ⅴ类或准Ⅳ类标准（表4.12）。

表 4.12 龙岗河流域水质净化厂一览表

序号	名称	建设状态	规模（万吨/日）	排放标准
1	横岗水质净化厂一期	已建	10	地表水准Ⅴ类
2	横岗水质净化厂二期	已建	10	地表水准Ⅴ类
3	横岭水质净化厂一期	提标	20	地表水准Ⅳ类
4	横岭水质净化厂二期	提标	40	地表水准Ⅴ类
5	龙田水质净化厂	提标	8	地表水准Ⅴ类
6	沙田水质净化厂	提标	3	地表水准Ⅴ类

流域水质净化厂在丰水期大部分满负荷运行，但在枯水期处理水量相对降低，处理量最低时在75万吨/日左右。此外，流域水质净化厂在运行中仍存在一些问题，具体如下。

1）流域范围内水质净化厂管网水占比普遍偏低，污水厂进水浓度偏低。由于流域内污水支管网建设尚不够完善，流域内大部分水质净化厂存在抽取河水/箱涵水进行处理的现象。据调查，横岗水质净化厂一期、二期处理水量分别有95%、60%为箱涵进水，横岭水质净化厂一期、二期除龙城街道部分片区外全部通过截污箱涵进水，龙田水质净化厂处理水量60%为河道进水，沙田水质净化厂处理水量90%为河道进水。

2）水质净化厂相对规模不足，且部分水质净化厂运行负荷偏低。由于流域范围内采取大截排的模式，大量河水进入污水厂处理，使得流域范围内的横岗一期、横岗二期、横岭一期、横岭二期均满负荷甚至超负荷运行。但龙田污水厂、沙田污水厂运行负荷仍偏低，2015年龙田水质净化厂设计规模8万吨/日，2015年实际处理量5.77万吨/日，污水厂水量负荷率为72.13%；沙田水质净化厂设计规模3万吨/日，2015年实际处理量2.02万吨/日，污水厂水量负荷率为67.33%。

3）水质净化厂进水存在较多问题，影响处理效果。如横岭水质净化厂一期污染物浓度异常升高、进水泥沙量大等问题；横岗水质净化厂一期曾受暴雨时因箱涵泥沙和管网垃圾影响，曾导致停产；沙田、龙田水质净化厂曾受进水重金属超标影响等。此外，龙岗河流域地势较低，横岭、沙田与龙田水质净化厂都可能在台风影响下停止运行。

4.3.2　流域水质净化厂运行现状

4.3.2.1　横岗水质净化厂一期

横岗水质净化厂一期设计处理规模为10万吨/日，出水执行准V类标准。该水质净化厂主要有3股进水，分别是五丰食品厂、龙岗河右侧截污箱涵、梧桐山河左侧箱涵，其中箱涵水约占总水量的90%。

横岗水质净化厂一期日处理水量最小为3.09万吨/日，最大为17.7万吨/日，均值为9.7万吨/日，大部分时间段在满负荷甚至超负荷运行。进水COD浓度范围为40～712毫克/升，均值为195毫克/升，氨氮浓度为2.9～72.8毫克/升，均值为17.5毫克/升，总磷浓度为1.01～10.30毫克/升，均值为2.0毫克/升（图4.6）。

横岗水质净化厂一期出水COD浓度范围为4～37毫克/升，均值为15毫克/升，达标率为100%，氨氮浓度为0.1～1.4毫克/升，均值为0.2毫克/升，达标率为100%，总磷浓度为0.04～0.43毫克/升，均值为0.19毫克/升，达标率为99.0%（图4.7）。

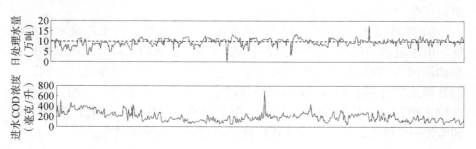

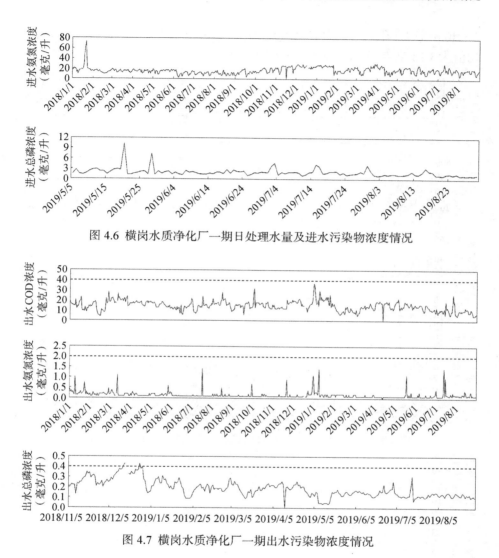

图 4.6　横岗水质净化厂一期日处理水量及进水污染物浓度情况

图 4.7　横岗水质净化厂一期出水污染物浓度情况

4.3.2.2　横岗水质净化厂二期

横岗水质净化厂二期处理规模为 10 万吨/日，出水执行准 V 类标准。该水质净化厂主要有 3 股进水，分别是嶂背村 1 号污水管、嶂背村 2 号污水管、龙岗河右侧截污箱涵，其中截污箱涵水约占总水量的 70% 左右。

横岗水质净化厂二期日处理水量最小为 5.88 万吨/日，最大为 15.83 万吨/日，均值为 11.07 万吨/日，大部分时间在满负荷甚至超负荷运行。进水 COD 浓度范围为 56～655 毫克/升，均值为 183.4 毫克/升，氨氮浓度为

3～40.6 毫克/升，均值为18.2 毫克/升，总磷浓度为0.6～13.25 毫克/升，均值为3.18 毫克/升（图4.8、图4.9）。

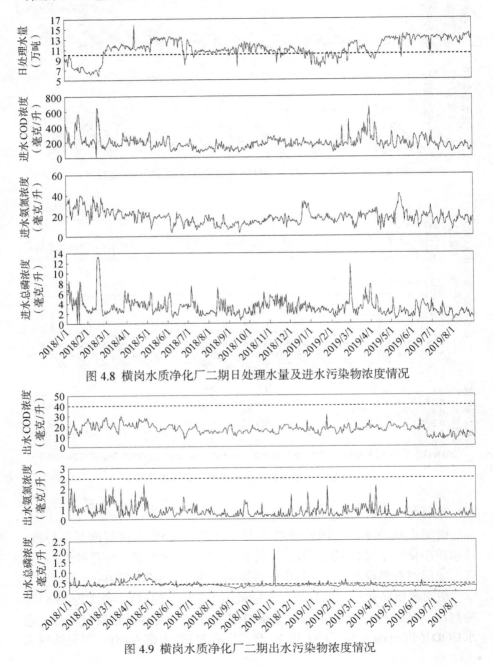

图 4.8 横岗水质净化厂二期日处理水量及进水污染物浓度情况

图 4.9 横岗水质净化厂二期出水污染物浓度情况

4.3.2.3 横岭水质净化厂一期

横岭水质净化厂一期处理规模为20万吨/日，出水执行准Ⅳ类标准。主要收集龙城、龙岗和坪地（一套管网和二套箱涵）污水，其中，箱涵进水约占60%。

横岭水质净化厂一期日处理量最小为2.2万吨/日，最大为27.8万吨/日，均值为21.08万吨/日，平均负荷率105.4%。进水COD浓度范围为51～680毫克/升，均值为197.8，氨氮浓度为3.8～38.8毫克/升，均值为21.3毫克/升，总磷浓度为0.3～13.79毫克/升，均值为3.3毫克/升（图4.10）。

横岭水质净化厂一期出水COD浓度范围为3～51毫克/升，均值为16毫克/升，达标率为99.5%，氨氮浓度为0.1～5.3毫克/升，均值为0.9毫克/升，达标率为75.3%，总磷浓度为0.01～0.78毫克/升，均值为0.10毫克/升，达标率为89.3%（图4.11）。

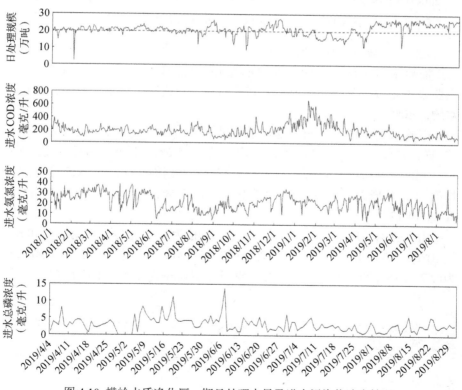

图 4.10 横岭水质净化厂一期日处理水量及进水污染物浓度情况

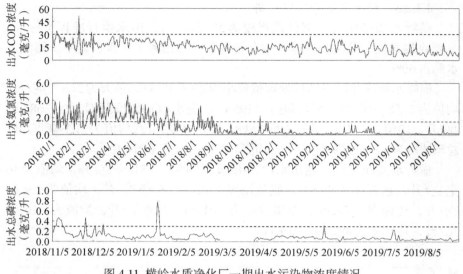

图 4.11 横岭水质净化厂一期出水污染物浓度情况

4.3.2.4 横岭水质净化厂二期

横岭水质净化厂二期处理规模为40万吨/日，出水执行准Ⅴ类标准，主要收集龙城、龙岗和坪地（一套管网和二套箱涵）污水，其中，箱涵进水约占60%。

横岭水质净化厂二期日处理水量最小为11.59万吨/日，最大为51.2万吨/日，均值为35.42万吨/日，平均负荷率88.6%。进水COD浓度范围为50～340毫克/升，均值为137.7毫克/升，氨氮浓度为3.4～39.5毫克/升，均值为20.6毫克/升，总磷浓度为0.29～7.73毫克/升，均值为3.35毫克/升（图4.12）。

出水COD浓度范围为5～37毫克/升，均值为19毫克/升，达标率为100%，氨氮浓度为0.1～8.6毫克/升，均值为1.77毫克/升，达标率为58.2%，总磷浓度为0.07～0.98毫克/升，均值为0.36毫克/升，达标率为72.0%（图4.13）。

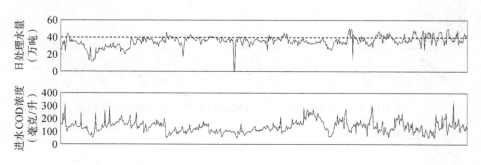

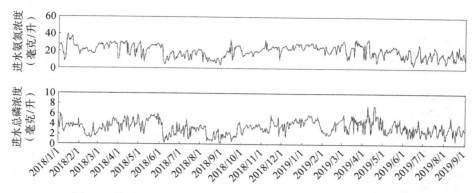

图 4.12 横岭水质净化厂二期日处理水量及进水污染物浓度情况

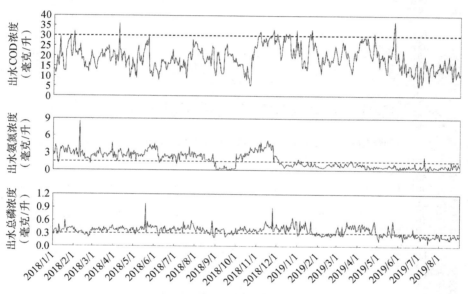

图 4.13 横岭水质净化厂二期出水污染物浓度情况

4.3.2.5 沙田水质净化厂

沙田水质净化厂处理规模为 3 万吨/日，出水执行准 V 类标准，主要处理坪山区坑梓街道产生的污水。

沙田水质净化厂日处理水量最小为 0.1 万吨/日，最大为 4.42 万吨/日，均值为 2.01 万吨/日，平均负荷率 67.0%。进水 COD 浓度范围为 24～532毫克/升，均值为 109 毫克/升，氨氮浓度为 1.2～35.3 毫克/升，均值为17.3 毫克/升，总磷浓度为 0.17～7.63 毫克/升，均值为 1.58 毫克/升（图4.14、图 4.15）。

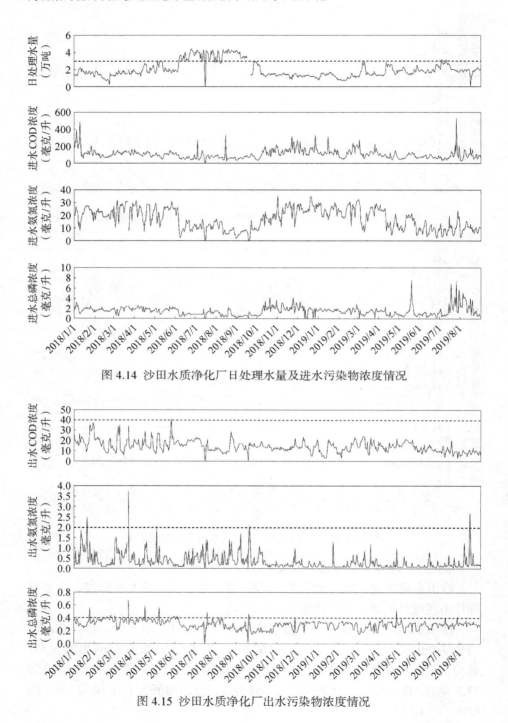

图 4.14 沙田水质净化厂日处理水量及进水污染物浓度情况

图 4.15 沙田水质净化厂出水污染物浓度情况

4.3.2.6 龙田水质净化厂

龙田水质净化厂处理规模为8万吨/日，出水执行准V类标准，主要收集坪山区龙田街道所产生的污水。

沙田水质净化厂日处理水量最小为1.5万吨/日，最大为11.8万吨/日，均值为5.18万吨/日，平均负荷率64.8%。进水COD浓度范围为40～734毫克/升，均值为228.9毫克/升，氨氮浓度为1.8～38.0毫克/升，均值为17.7毫克/升，总磷浓度为0.15～19.14毫克/升，均值为4.4毫克/升（图4.16）。

沙田水质净化厂出水COD浓度范围为2～32毫克/升，均值为15毫克/升，达标率为100%，氨氮浓度为0.1～9.8毫克/升，均值为0.3毫克/升，达标率为92.1%，总磷浓度为0.01～0.35毫克/升，均值为0.18毫克/升，达标率为100%（图4.17）。

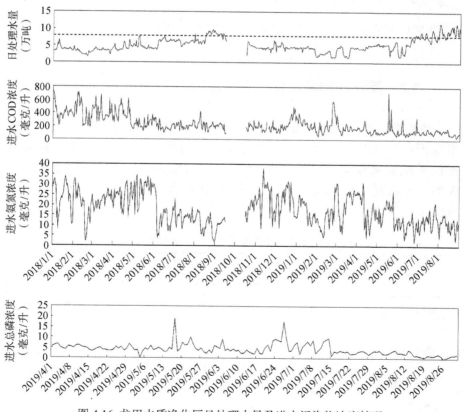

图4.16 龙田水质净化厂日处理水量及进水污染物浓度情况

115

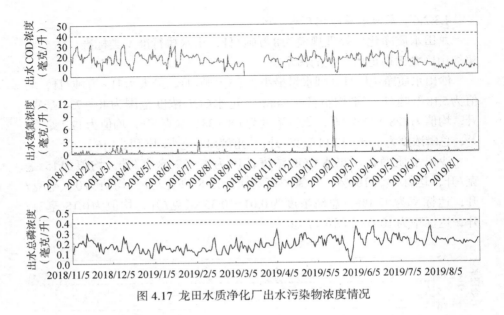

图 4.17　龙田水质净化厂出水污染物浓度情况

4.3.3　尾水回调补水优化方案设计

经核算，龙岗河流域水质净化厂可提供生态补水水量如表 4.13。根据深圳市治水提质要求，6 座水质净化厂将在 2019 年 12 月各厂将陆续提标至地表水 Ⅳ 类或准 Ⅴ 类（TN除外），2020 年将全部提标至地表水 Ⅳ 类，可达到补水水质标准；高桥片区污水资源化工程现状出水水质为 Ⅲ 类。

表 4.13　龙岗河流域水质净化厂生态补水量核算

名称	直接补水河流	补水时间/补水量（万吨/月）					
		10 月	11 月	12 月	1 月	2 月	3 月
横岗一期	龙岗河	307	307	307	307	274	307
	南约河	65	65	65	65	61	65
横岗二期	大康河	78	78	78	78	73	78
	龙岗河	117	117	117	117	104	117
	龙岗河	1 172	1 172	1 172	1 172	1 269	1 172
横岭一期、二期	花园河西湖苑-丁山河-龙岗河	89	89	89	89	96	89
	东部电厂-龙岗河	7	7	7	7	8	7

续表

名称	直接补水河流	补水时间/补水量（万吨/月）					
		10月	11月	12月	1月	2月	3月
龙田	田坑水-龙岗河	120	120	120	120	73	120
沙田	田脚水-龙岗河	41	41	41	41	28	41
高桥片区污水资源化工程	低碳城人工湖-丁山河-龙岗河	15	15	15	15	14	15
	合计	2 011	2 011	2 011	2 011	2 000	2 011

　　本次分析龙岗河流域尾水回调及再生水回用水方案，需考虑多种措施的不同运营方案，以此来设定配置模型计算方案，在考虑了重要一级支流、跨界支流、二级支流等多种以支补干组合状态后，设定了如下3个方案作为逐级计算分析的条件（表4.14）。

表4.14　龙岗河流域尾水回调及再生水回用水方案

序号	方案名称	补水河流
1	方案一（关键保障）	干流及重要一级支流（龙岗河、丁山河、大康河、南约河、黄沙河、四联河、田坑水）
3	方案二（跨界保障）	全部一级支流（龙岗河、丁山河、大康河、南约河、黄沙河、四联河、田坑水、龙西河、花古坪水、田脚水、张河沥、马蹄沥）
5	方案三（全覆盖）	全部一级支流（龙岗河、丁山河、大康河、南约河、黄沙河、四联河、田坑水、龙西河、花古坪水、田脚水、张河沥、马蹄沥），全部二级支流

　　方案一：考虑龙岗河流域内重点一级支流，在现状补水基础上增加四联河、黄沙河、田坑水补水路径，合计11条补水路径，可满足重点支流及干流补水需求（表4.15）。

　　方案二：考虑龙岗河流域市内支流与跨界河流补水需求，在方案一基础上增加龙西河、花古坪水、田脚水（换路径）、张河沥、马蹄沥补水路径，合计15条补水路径，可满足支流及干流补水需求（表4.16）。

表 4.15 方案一补水设计

补水河流	水源	补水途径	补水时间／补水量（万吨／月）					
			10 月	11 月	12 月	1 月	2 月	3 月
龙岗河	横岗一期	干流	92	92	92	92	82	92
	横岗二期	干流	117	117	117	117	104	117
	横岭一期、二期	干流	820	820	820	820	888	820
	横岭一期、二期	东部电厂–龙岗河	7	7	7	7	8	7
丁山河	沙田	田脚水–龙岗河	41	41	41	41	28	41
	横岭一期、二期	花园河西湖苑–丁山河–龙岗河	89	89	89	89	96	89
	高桥片区污水资源化工程	低碳城人工湖–丁山河–龙岗河	15	15	15	15	14	15
大康河	横岗二期		78	78	78	78	73	78
南约河	横岗二期		65	65	65	65	61	65
黄沙河	横岭一期、二期		351	351	351	351	381	351
四联河	横岗一期		215	215	215	215	192	215
田坑水	龙田		120	120	120	120	73	120
合计			2 011	2 011	2 011	2 011	2 000	2 011

表 4.16 方案二补水设计

补水河流	水源	补水途径	补水时间／补水量（万吨／月）					
			10 月	11 月	12 月	1 月	2 月	3 月
龙岗河	横岗一期	干流	92	92	92	92	82	92
	横岗二期	干流	117	117	117	117	104	117
	横岭一期、二期	干流	586	586	586	586	635	586
	横岭一期、二期	东部电厂–龙岗河	7	7	7	7	8	7
丁山河	横岭一期、二期	花园河西湖苑–丁山河–龙岗河	89	89	89	89	96	89
	高桥片区污水资源化工程	低碳城人工湖–丁山河–龙岗河	15	15	15	15	14	15
大康河	横岗二期		78	78	78	78	73	78
南约河	横岗二期		65	65	65	65	61	65
黄沙河	横岭一期、二期		351	351	351	351	381	351

续表

补水河流	水源	补水途径	补水时间 / 补水量（万吨 / 月）					
			10 月	11 月	12 月	1 月	2 月	3 月
四联河	横岗一期		215	215	215	215	192	215
田坑水	龙田		84	84	84	84	51	84
龙西河	横岭一期、二期		176	176	176	176	190	176
花古坪水	横岭一期、二期		59	59	59	59	63	59
田脚水	沙田		25	25	25	25	17	25
张河沥	沙田		16	16	16	16	11	16
马蹄沥	龙田		36	36	36	36	22	36
合计			2 011	2 011	2 011	2 011	2 000	2 011

方案三：考虑龙岗河流域绝大多数支流补水需求，在方案二基础上增加蚌湖水、横岗福田河、简龙河、西湖水、盐田坳支流、小坳水、同乐河、田心排水渠、大原水、水二村支流、茅湖水、浪背水、上禾塘水、沙背沥水、回龙河、花园河、白石塘水、黄竹坑、黄沙河左支流、三角楼水、老鸦山水等 21 条补水路径，合计 36 条补水路径，可满足全流域补水需求（表 4.17）。

表 4.17 方案三补水设计

补水河流	水源	补水途径	补水时间 / 补水量（万吨 / 月）					
			10 月	11 月	12 月	1 月	2 月	3 月
龙岗河	横岗一期	干流	92	92	92	92	82	92
	横岗二期	干流	47	47	47	47	42	47
	横岭一期、二期	干流	410	410	410	410	444	410
	横岭一期、二期	东部电厂-龙岗河	7	7	7	7	8	7
四联河	横岗一期		184	184	184	184	164	184
蚌湖水	横岗一期		31	31	31	31	27	31
大康河	横岗二期		27	27	27	27	26	27
横岗福田河	横岗二期		16	16	16	16	15	16
简龙河	横岗二期		12	12	12	12	11	12
西湖水	横岗二期		8	8	8	8	7	8
盐田坳支流	横岗二期		8	8	8	8	7	8
小坳水	横岗二期		8	8	8	8	7	8

补水河流	水源	补水途径	补水时间 / 补水量（万吨 / 月）					
			10 月	11 月	12 月	1 月	2 月	3 月
南约河	横岗二期		26	26	26	26	24	26
同乐河	横岗二期		47	47	47	47	42	47
田心排水渠	横岗二期		23	23	23	23	21	23
大原水	横岗二期		13	13	13	13	12	13
水二村支流	横岗二期		7	7	7	7	6	7
茅湖水	横岗二期		7	7	7	7	6	7
浪背水	横岗二期		3	3	3	3	3	3
上禾塘水	横岗二期		7	7	7	7	6	7
沙背沥水	横岗二期		3	3	3	3	3	3
龙西河	横岭一期、二期		117	117	117	117	127	117
回龙河	横岭一期、二期		59	59	59	59	63	59
丁山河	横岭一期、二期		62	62	62	62	67	62
丁山河	高桥工程		15	15	15	15	14	15
花园河	横岭一期、二期		27	27	27	27	29	27
白石塘水	横岭一期、二期		117	117	117	117	127	117
黄竹坑水	横岭一期、二期		59	59	59	59	63	59
花古坪水	横岭一期、二期		59	59	59	59	63	59
黄沙河	横岭一期、二期		293	293	293	293	317	293
黄沙河左支流	横岭一期、二期		59	59	59	59	63	59
田坑水	龙田		60	60	60	60	36	60
三角楼水	龙田		12	12	12	12	7	12
老鸦山水	龙田		12	12	12	12	7	12
田脚水	沙田		25	25	25	25	17	25
张河沥	沙田		16	16	16	16	11	16
马蹄沥	龙田		36	36	36	36	22	36

第 5 章　流域生态环境需水量研究

5.1　生态需水量概念及组成

5.1.1　流域生态需水量概念

流域生态需水的研究在近些年得到了重视，许多学者从不同角度利用不同方法研究了流域尺度的生态需水量，但目前流域生态需水的概念还尚不明确。许多文献中经常会出现如"生态用水""生态耗水"等词，但这些词语并不能准确地表达流域生态需水，并且由于对概念的认识不统一，其研究方法和计算结果也不尽相同。

其中，生态用水是面向可持续发展的水资源配置概念，在某种水资源管理目标下，生态系统的实际使用水量，它是未必符合生态环境需水规律的水量，并经常受到生产、生活用水的挤占，生态用水可能大于或小于生态需水。生态耗水是水循环过程中水体、土壤和生物生活和维持生态平衡消耗掉的水量，是维持一定时段内流域生态系统结构与功能所需的最小水量。生态需水是从生态系统角度出发，具有一定阈值范围，保证生态系统结构与功能稳定所需的一定质量的水。

国内研究者结合生态需水研究对象、研究思路和技术手段，对其概念进行了不同的界定，夏军等将生态需水量定义为在水资源短缺地区为了维系生态系统生物群落基本生存和一定生态环境质量（或生态建设要求）的最小水资源需求量；栗晓玲等提出了生态需水设定要满足生态系统良性循环对水资源的最低需求；宋进喜等认为生态需水是天然生态系统保护和生态系统修复、改善中所需要的水资源总量；杨志峰等指出流域生态水文循环过程是流域生态需水的主线，需水目标是保证流域内各生态系统结构与

121

功能健康、持续稳定，基本实现流域内可持续发展所需要保证的水量，并且这部分水量主要用于维持自然环境功能正常发挥，即流域的自然生态需水量；严登华等提出生态需水是在一定的生态目标下，生物生存和环境维持所需要的水量。而《河湖生态需水评估导则（试行）》（SL/Z479-2010）指出，生态需水是指将生态系统结构、功能和生态过程维持在一定水平所需要的水量，指一定生态保护目标对应的水生态系统对水量的需求。

综上，生态需水的定义虽存在差别，但基础都是要保障生态系统可持续发展。

5.1.2 流域生态需水量组成

流域生态系统是由河流、湖泊、森林、草原、沼泽、耕地和城市等一系列子系统组成的复合的生态系统。根据生态需水的空间位置以及流域生态系统的结构和功能，本研究的流域生态环境需水量主要以河道内生态环境需水量为主。

河道内生态环境需水量是流域生态环境需水量研究的重要组成部分，也是生态环境需水量研究方面的主要研究对象。从生态环境出发，河道生态环境需水量是指为改善河道生态环境质量或维护生态环境质量不至于进一步下降时河道生态系统所需要的一定水质要求下的最小水量。根据河道生态环境需水量的定义，河道生态环境需水量应满足下列条件：保证河道流量大于或等于设计的河道生态环境需水量；河道生态环境需水量将保证河流在沿程蒸发、渗漏之外，河道尚有足够流动并满足一定生态环境功能的水；足够流动并满足一定生态环境功能及航运要求等的水量因河流或河段而异，应由河流或河段的生态环境功能及其他功能确定；河道实际流量大于或等于河道生态环境需水量的概率应不小于制定的保证率。具体来看，河道内生态环境需水量主要由以下几个方面组成。

1）维持河流生态平衡所需的基础流量；

2）维持合理的地下水位及水分循环和水量转换所需的入渗补给水量和蒸发消耗量；

3）使河流系统保持稀释和自净能力的最小流量；

4）防止河道泥沙淤积、维持河流水沙平衡所必需的最小流量；

5）维持河湖水生生物生存的最小需水量；

6）防止湖泊萎缩、河道断流所需的最小流量；

7）维持航道通航要求所需水量；

8）防止海水入侵所需维持的河口最小流量。

龙岗河为南方湿润地区小流域雨源型河流，无客水经过，属于城市内陆型河流，不具备航道通航功能。流域地貌主要以丘陵为主，坡度相对较大，平均汇流时间短，洪峰流量模数大，洪水过程尖而瘦，表现为山区性河流暴涨暴落的特性。与北方河流相比，龙岗河含沙量小。水生生态的现状调查及监测结果表明，龙岗河河段无珍稀水生动植物，也不存在洄游鱼类和鱼类产卵场，没有构成具有一定经济价值的鱼类资源，维持河湖水生生物生存的最小需水量可不予考虑。龙岗河两岸人口密度较大，经济发达，生态系统的失衡多是由于人类活动以及环境破坏所造成。因此龙岗河河流的基础生态流量、河流稀释自净需水量、河流蒸发需水量、渗透需水量，即1）2）3）为龙岗河河道内生态需水重点考虑的部分。

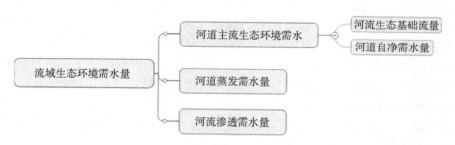

图 5.1 本研究流域生态需水量组成

5.2 生态需水量计算方法

本次流域生态需水量主要是指河道内生态需水量。

河道内生态需水量主要由维持河道生态功能的河道主流生态需水量以及河流流动过程中消耗的蒸发需水量和渗漏需水量组成。河道主流需水量又包括满足河流流动的河道生态基础流量，保持河流基本自净能力的河流自净需水量，以及维持河道输沙功能的河道输沙需水量。龙岗河为雨源型河流，因此不考虑输沙功能。所以将取这2项中最大值作为河道主流生态需水量，以避免重复计算。最终确定研究区的生态系统河道内生态环境需水量的构成为：

$$W_{RI} = W_M + W_E + W_S \tag{5-1}$$

$$W_M = \max(W_B, W_C) \tag{5-2}$$

式中，W_{RI}是河道内生态环境需水量，立方米；W_M是河道主流生态需水量，立方米；W_E是河流蒸发需水量，立方米；W_S是河流渗漏需水量，立方米；W_B是河道生态基础流量，立方米；W_C是河流自净需水量，立方米。

（1）河道生态基础流量计算方法

目前提出和形成的河流生态需水计算方法繁多，总体上主要分为四大类：水文学法、水力学法、栖息地模拟法、整体分析法，见表5.1。其中水文学法在我国应用最为广泛，该类方法只需要流域的水文数据，并不用进行现场监测，适用于计算缺乏生物资料且拥有长期水文数据河流的生态需水量，代表方法有Tennant法、7Q10法、NGPRP法、基本流量法、最小月平均径流量和多年平均值法等；水力学法是根据实测或曼宁公式计算获得的河道水力参数确定河流所需流量，适用于稳定性河道，但忽视了水流流速变化，未能考虑河流中具体的物种或生命阶段的需求，体现不出需水量的季节变化性，代表方法有湿周法、简化水尺分析法和R2CROSS法等；栖息地模拟法侧重对河道内生物物种群尺度的研究，根据河道内指示物种所需的水力条件确定河流流量，操作复杂，国内限制于生物资料获取的难度很少使用，常用的栖息模拟法为河道内流量增量法（Instream Flow Incremental Methodology，IFIM）；整体分析法综合考虑水文和生物的因素，强调生态整体性与流域管理规划的结合，缺点是时间长、资源消耗大，需要跨学科专家组、现场调查、公众参与等，需要大量的人力物力时间，广泛运用的方法为BBM（Building Block Method）法。

表 5.1 常用河流生态需水计算方法及其适用范围

	计算方法	使用范围/条件	优缺点
水文学法	Tennant 法	有历史资料记载的地区均可应用	优点：操作简单，可作为战略性管理方法使用
	7Q10 法	近十年的月实测径流资料	
	月（年）保证率法	能反映周期变化的水文资料	
	最小月平均实测法	长系列的月实测径流资料	缺点：没有考虑栖息地等，水质等
	径流法		
水力学法	湿周法	河道水力参数（宽度、湿周等）	优点：考虑栖息地
	R2CROSS	水力学临界参数和专家意见	缺点：体现不出季节变化
栖息地模拟法	IFIM 法	流量、水位资料，生物响应资料	优点：考虑了生物和栖息地因素
	河道生物空间最小生态需水	水位-流量系列资料，关键性指示物种，断面资料	缺点：数据需求量较大，数据获取困难
	生物生境法	指示性物种，断面资料	

续表

计算方法		使用范围/条件	优缺点
整体法	BBM法	水文学、水力学及生态学系列资料	优点：考虑了河流整体生态系统稳定和专家意见
	HEA法	实测和天然的流量系列、跨学科专家组、现场调查、公众参与	缺点：资源消耗大，难以实施

考虑到龙岗河流域丰水期和枯水期径流差异大，不同时期生态需水量变化明显，因此不适宜采用水力学法；栖息地模拟法需要有大量指示性物种的生态响应资料和水位-流量关系等作为支撑，对于龙岗河流域和本项目研究存在较高的难度；整体法适用于生态系统完善的流域。

综合比较分析，本项目拟采用蒙大拿法计算龙岗河流域河流基础生态需水。蒙大拿法又被称作Tennant法，它以预先确定的河流年平均流量的百分比作为生态流量估算的标准。该方法是Tennant等人1964~1974年对美国11条河流实施了详细野外研究的基础上，构建了水深、河宽、流速等栖息地参数和流量之间的关系。Tennant等人得到的结论是：

1）年平均流量的10%可以作为支撑多数水生生物短期生存栖息地的最小瞬时流量。此时，河流的水深、流速、生物栖息地等条件已经接近河流鱼类的最低生存需求。

2）一般河道内流量占到年平均流量的30%~60%时，河宽、水深及流速基本满足生态系统基本需求。此时，河道中大部分浅滩被水淹没，能为鱼类的活动提供保障。

3）一般河道内流量占到年平均流量的60%~100%，水深、河宽及流速可为生态系统提供良好的环境。此时，河道急流和浅滩大部分被淹没，能为鱼类提供足够的活动地带，水生植物和岸边植物水量供应也有保障，并且无脊椎动物大量繁殖，种类和数量丰富。

4）蒙大拿法为经验方法，不仅适应有水文站点的河流可通过水文监测资料获得年平均流量，并通过水文、气象资料了解丰水期和枯水期的月份，而且还适应没有水文站点的河流可通过水文计算来获得，可作为河流水资源规划及战略性管理使用。

（2）河道自净需水量计算方法

河流自净需水量是指，从维护水域生态平衡的角度出发，利用河流水体通过对污染物的自净功能来保护和改善河流水体水质，确保水体满足部分生态环境功能要求，天然河道中需要保持的最小水量。对于水环境污染比较严重的河流，需要将自净需水量作为生态需水量的重要组成部分，以满足水体对污染物的稀释净化能力。

这种为改善水质所需的水量与许多因素有关，根据实际情况采用简化方法或结合水质模型计算确定。龙岗河河道较窄，河流流量较小，因此本研究不考虑污染物浓度随水量的变化而变化，河流水质计算可以采用稳态水质模型，河流污染物一维迁移转化的基本方程为

$$u \frac{\partial C}{\partial x} = \frac{\partial}{\partial x}\left(E_x \cdot \frac{\partial C}{\partial x}\right) - kC + w \qquad (5\text{-}3)$$

式中，u 为河流流速，米/秒；C 为断面污染物平均浓度，毫克/升；x 为河段长度，米；E_x 为水体的纵向弥散系数，平方米/秒；w 为水体污染物的源汇项；k 为有机物降解系数，1/天。

龙岗河为非感潮河流，对于一般非潮汐河流，推流形成的污染物迁移要比弥散作用大，在稳态条件下，忽略弥散作用，则有

$$u \frac{\partial C}{\partial x} + kC = 0 \qquad (5\text{-}4)$$

初始条件为：$x=0$，$C(x=0)=C_0$，在 $x=0$ 到 $x=x$ 区间上求解上式，得到以为水质模型解析解：

$$C = C_0 \exp\left(-\frac{kx}{86\,400u}\right) \qquad (5\text{-}5)$$

河流水体污染主要来自点源污染和面源污染，因面源污染有面广、动态复杂、空间位置和排放量都难以进行准确定量化等特点。本研究仅考虑由沿河以点源方式排入河道的污染物造成河流污染而所需要的自净水量。对于有多排污口的河流，以河流的每一个排污口为分界线将河流概化为多个河段，一维河流分段概化图见图5.2。对于有支流汇入的河流，将各支流也视为排污口。自河道上游断面最近的第一个排污口开始，依次计算每一个排污口（直到终止断面）处河流断面在排入污染物瞬间混合后达到河流水环境功能水质要求的自净水量，然后再综合考虑其整个计算区段河道自净需水量，以此来建立河道自净需水模型。

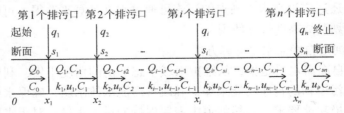

图 5.2 一维河流分段概化图

以第 i 个排污口为界线的断面河道自净需水量的计算就是要确定 Q_{pi}（$i=1,2,\cdots,n$）的值。其建立计算模型的具体过程如下：

在第 i 个排污口 $x=x_i$ 处，进入该断面上游来水中污染物的浓度为 C_{i-1}（毫克/升），该处排污口排入河道污染物浓度为 S_i（毫克/升），排污水量为 q_i（平方米/秒），假定第 $i-1$ 排污口处河道自净需水量为 Q_{p-1}，此时在此断面处，上游来水中污染物质量为 $C_{i-1}\times Q_{p,i-1}$（克/秒）。污水和河水混合后有：

$$C_i' = \frac{C_{i-1}Q_{P-1} + q_i S_i}{Q_i} \tag{5-6}$$

式中，C_i' 为 $x=x_i$ 时污水和河水混合后的污染物浓度，mg/L。

为了达到水质要求，必须使 C_i' 小于等于断面水质目标 C_{Si}，由此推出

$$Q_i \geqslant \frac{C_{i-1}Q_{P-1} + q_i S_i}{C_{Si}} \tag{5-7}$$

$x=x_i$ 处如需河流水质达标，该断面的最小河道流量为河道自净需水量 Q_{pi}：

$$Q_{Pi} = \frac{C_{i-1}Q_{P-1} + q_i S_i}{C_{Si}} \tag{5-8}$$

同理在 $x=x_{i-1}$ 处河道自净需水量 Q_{p-1} 是在河流水质达标满足 $C_{S,i-1}$ 下的最小河道流量，由式（4-3）得到

$$C_{i-1} = C_{s,i-1}\exp\left[-\frac{k(x_i - x_{i-1})}{86\,400 u_{i-1}} \right] \tag{5-9}$$

由式（4-6）和式（3-7）得出

$$Q_{Pi} = \frac{C_{s,i-1}\exp\left[-\dfrac{k(x_i - x_{i-1})}{86\,400 u_{i-1}} \right]Q_{p,i-1} + q_i S_i}{C_{Si}} \tag{5-10}$$

在 $x=x_1$ 处，河道自净需水量 Q_{p1} 为

$$Q_{P1} = \frac{C_0 Q_0 + q_1 S_1}{C_{S1}} \tag{5-11}$$

对于从河道起始断面到终止断面的整个河道而言，为了使该河道内水质达标，在此区间内的河道自净需水量（Q_p）应该是从各排污口处最小需水量中取其最大量，即

$$Q_p = \max\{Q_{P1}, Q_{P2}, \cdots, Q_{P,i-1}, Q_{Pi}\cdots, Q_{Pn}\} \tag{5-12}$$

5.3 流域生态需水量计算

河道内生态需水量主要由维持河道生态功能的河道主流生态需水量以及河流流动过程中消耗的蒸发需水量和渗漏需水量组成。河道主流需水量又包括满足河流流动的河道生态基础流量，保持河流基本自净能力的河流自净需水量，以及维持河道输沙功能的河道输沙需水量。龙岗河为雨源型河流，因此不考虑输沙功能。所以将取这2项中最大值作为河道主流生态需水量，以避免重复计算。最终确定研究区的生态系统河道内生态环境需水量的构成为

$$W_{RI} = W_M + W_E + W_S \qquad (5\text{-}13)$$

$$W_M = \max(W_B, W_C) \qquad (5\text{-}14)$$

式中，W_{RI} 是河道内生态环境需水量，立方米；W_M 是河道主流生态需水量，立方米；W_E 是河流蒸发需水量，立方米；W_S 是河流渗漏需水量，立方米；W_B 是河道生态基础流量，立方米；W_C 是河流自净需水量，立方米。

5.3.1 河道生态基础流量

龙岗河流域属于亚热带季风气候区，降水量丰沛，降雨主要集中在夏季，丰水期为4～9月，河流流量年际变化和季节性变化明显。Tennant 法适用于有季节性变化的河流，并设定了8个评价等级，推荐的基流分为丰水期和枯水期，推荐值以占河流径流量的百分比作为标准。使用Tennant法计算龙岗河流域干流及各支流的河道生态基础流量。确定10月到第二年3月的最小生态流量为这55年月平均流量的10%，4月到9月取55年月平均流量的30%作为最小生态流量，其结果如表5.2所示。河道生态基础流量的计算公式为

$$W_B = \sum_{i=1}^{12} M_i \times N_i \qquad (5\text{-}15)$$

式中，W_B 为河道生态基础流量，立方米；M_i 为一年内第 i 个月多年平均流量；N_i 为对应的第 i 月份推荐的基流百分比。计算结果如表5.3所示。

单位：万立方米

表5.2 多年月平均径流量

序号	干流（一级支流）	二级支流	三级支流	四级支流	1月	2月	3月	4月	5月	6月	7月	8月	9月	10月	11月	12月
1	龙岗河				2212.08	2069.77	2350.34	3619.39	5491.69	8529.25	7523.10	8042.40	6295.61	3501.83	2397.44	2397.01
2		盐田坳支流			4.59	3.65	4.01	10.03	26.08	37.29	31.87	34.93	24.38	11.46	5.99	5.47
3		西湖水			29.98	23.10	23.56	44.01	106.22	151.51	136.86	150.98	116.37	66.98	40.55	35.81
4		蚌湖水			2.02	1.91	2.12	5.84	14.72	23.48	22.57	22.14	15.37	5.88	2.56	2.43
5		四联河			42.94	36.09	39.27	92.97	247.19	370.21	330.32	346.80	246.18	109.40	54.75	51.21
6	大康河				107.65	82.07	80.67	130.33	298.20	418.02	397.62	444.94	361.97	230.20	148.34	130.00
7		新塘村排水渠			12.11	9.34	8.93	10.17	17.07	24.83	27.47	32.02	30.02	23.54	17.24	14.89
8		横岗福田河			21.31	15.88	16.11	32.47	78.81	110.35	100.05	109.45	85.93	49.56	29.21	25.56

续表

序号	干流（一级支流）	二级支流	三级支流	四级支流	1月	2月	3月	4月	5月	6月	7月	8月	9月	10月	11月	12月
9		简龙河			31.01	23.55	23.06	38.36	86.21	119.85	112.01	126.47	101.31	64.47	42.52	37.53
10		爱联河			110.18	86.32	83.40	112.37	217.40	313.66	315.69	353.60	306.46	213.29	150.13	132.37
11		龙西河			127.14	104.69	112.78	244.64	667.69	996.75	875.72	940.74	675.89	319.05	163.64	152.08
12		回龙河			33.03	28.12	30.99	72.39	196.29	306.34	261.85	278.30	196.57	86.05	41.98	39.44
13		南约河			189.86	152.69	152.09	235.87	535.16	815.44	777.80	854.92	680.17	408.09	258.26	229.65
14		沙背沥河			9.13	7.20	7.31	13.30	30.92	43.41	39.69	44.20	34.07	19.50	12.35	11.05
15		水二村支流			6.70	5.29	5.56	12.29	31.65	45.25	39.81	43.30	31.82	15.83	8.89	8.08
16		同乐河			96.01	76.54	75.40	109.86	241.34	367.21	349.08	388.11	317.89	200.36	131.45	116.31
17		大源水			18.41	14.99	15.13	23.90	52.76	84.85	78.78	86.27	67.45	39.37	24.98	22.28
18		三棵松水			20.60	16.19	15.40	18.58	34.75	53.38	53.44	61.42	54.81	40.05	28.70	25.03

续表

序号	干流（一级支流）	二级支流	三级支流	四级支流	1月	2月	3月	4月	5月	6月	7月	8月	9月	10月	11月	12月
19			田心村排洪渠		9.16	7.01	6.67	7.74	13.64	19.84	21.03	24.62	22.72	17.66	12.87	11.19
20			茅湖水		48.44	38.14	36.74	48.88	97.58	142.35	142.48	161.45	139.14	96.17	67.07	58.78
21				浪背水	15.10	11.99	11.89	19.97	43.79	61.54	58.66	65.03	52.15	31.48	20.72	18.35
22				上禾塘水	11.27	8.84	8.43	9.94	17.12	24.69	26.71	30.87	28.46	21.52	15.69	13.70
23	丁山河				297.83	244.72	248.43	372.38	862.82	1 512.84	1 395.34	1 523.52	1 193.06	704.62	407.22	358.95
24		花园河			42.63	33.95	33.27	42.07	80.47	127.26	125.98	142.40	122.96	85.19	58.94	51.79
25			黄竹坑水		10.85	9.63	10.53	23.81	64.18	109.90	89.81	95.57	66.21	28.28	13.64	12.89
26			白石塘水		12.44	9.71	9.59	15.07	33.08	45.77	43.55	49.11	40.19	25.43	17.11	15.12
27			长坑水		3.82	3.28	3.58	7.89	20.57	33.84	28.20	30.46	21.08	9.54	4.93	4.57
28	黄沙河				129.78	109.23	113.86	205.68	527.73	895.73	792.74	848.83	627.04	319.07	170.73	155.72

续表

序号	干流（一级支流）	二级支流	三级支流	四级支流	1月	2月	3月	4月	5月	6月	7月	8月	9月	10月	11月	12月
29		黄沙河左支流			38.35	31.79	32.56	56.74	143.91	240.09	212.63	229.70	171.31	90.80	50.98	46.24
30		马蹄沥			11.58	9.70	9.93	16.56	38.32	63.39	59.45	63.96	48.14	25.98	15.52	13.99
31		张河沥			18.20	14.58	14.20	18.24	35.92	56.85	57.22	64.87	53.97	36.45	25.11	22.08
32		田脚水			50.37	39.50	38.17	49.43	97.70	147.44	144.08	164.33	142.09	98.71	68.93	60.66
33		田坑水			82.30	66.48	66.13	103.43	234.34	358.08	343.24	377.48	298.80	177.82	111.53	99.31
34		老鸦山水			3.77	3.25	3.54	8.08	21.66	35.36	29.47	31.38	22.14	9.68	4.82	4.51
35		三角楼水			14.98	12.02	12.34	23.40	56.22	82.23	74.63	81.32	61.94	33.36	20.15	18.11

表5.3 生态基础流量计算结果

单位：万立方米

序号	干流（一级支流）	二级支流	三级支流	四级支流	1月	2月	3月	4月	5月	6月	7月	8月	9月	10月	11月	12月
1	龙岗河				214.07	221.76	227.45	1085.82	1594.36	2558.77	2184.13	2334.89	1888.68	338.89	239.74	231.97
2		盐田坳支流			0.44	0.39	0.39	3.01	7.57	11.19	9.25	10.14	7.32	1.11	0.60	0.53
3		西湖水			2.90	2.48	2.28	13.20	30.84	45.45	39.73	43.83	34.91	6.48	4.05	3.47
4		蚌湖水			0.20	0.20	0.21	1.75	4.27	7.04	6.55	6.43	4.61	0.57	0.26	0.23
5		四联河			4.16	3.87	3.80	27.89	71.76	111.06	95.90	100.68	73.85	10.59	5.47	4.96
6	大康河				10.42	8.79	7.81	39.10	86.57	125.41	115.44	129.18	108.59	22.28	14.83	12.58
7		新塘村排水渠			1.17	1.00	0.86	3.05	4.95	7.45	7.98	9.30	9.01	2.28	1.72	1.44
8		横岗福田河			2.06	1.70	1.56	9.74	22.88	33.11	29.05	31.78	25.78	4.80	2.92	2.47

续表

序号	干流(一级支流)	二级支流	三级支流	四级支流	1月	2月	3月	4月	5月	6月	7月	8月	9月	10月	11月	12月
9		简龙河			3.00	2.52	2.23	11.51	25.03	35.95	32.52	36.72	30.39	6.24	4.25	3.63
10	爱联河				10.66	9.25	8.07	33.71	63.12	94.10	91.65	102.66	91.94	20.64	15.01	12.81
11	龙西河				12.30	11.22	10.91	73.39	193.84	299.03	254.24	273.12	202.77	30.88	16.36	14.72
12		回龙河			3.20	3.01	3.00	21.72	56.99	91.90	76.02	80.80	58.97	8.33	4.20	3.82
13	南约河				18.37	16.36	14.72	70.76	155.37	244.63	225.81	248.20	204.05	39.49	25.83	22.22
14		沙背沥河			0.88	0.77	0.71	3.99	8.98	13.02	11.52	12.83	10.22	1.89	1.23	1.07
15			水二村支流		0.65	0.57	0.54	3.69	9.19	13.57	11.56	12.57	9.55	1.53	0.89	0.78
16	同乐河				9.29	8.20	7.30	32.96	70.07	110.16	101.35	112.68	95.37	19.39	13.14	11.26
17		大源水			1.78	1.61	1.46	7.17	15.32	25.46	22.87	25.05	20.24	3.81	2.50	2.16
18			三棵松水		1.99	1.73	1.49	5.57	10.09	16.01	15.52	17.83	16.44	3.88	2.87	2.42

续表

序号	干流 (一级 支流)	二级 支流	三级 支流	四级 支流	1月	2月	3月	4月	5月	6月	7月	8月	9月	10月	11月	12月
19			田心村排洪渠		0.89	0.75	0.65	2.32	3.96	5.95	6.11	7.15	6.81	1.71	1.29	1.08
20			茅湖水		4.69	4.09	3.56	14.66	28.33	42.70	41.36	46.87	41.74	9.31	6.71	5.69
21				浪背水	1.46	1.28	1.15	5.99	12.71	18.46	17.03	18.88	15.64	3.05	2.07	1.78
22				上禾塘水	1.09	0.95	0.82	2.98	4.97	7.41	7.75	8.96	8.54	2.08	1.57	1.33
23	丁山河				28.82	26.22	24.04	111.71	250.50	453.85	405.10	442.31	357.92	68.19	40.72	34.74
24		花园河			4.13	3.64	3.22	12.62	23.36	38.18	36.57	41.34	36.89	8.24	5.89	5.01
25		黄竹坑水			1.05	1.03	1.02	7.14	18.63	32.97	26.08	27.75	19.86	2.74	1.36	1.25
26		白石塘水			1.20	1.04	0.93	4.52	9.60	13.73	12.64	14.26	12.06	2.46	1.71	1.46
27		长坑水			0.37	0.35	0.35	2.37	5.97	10.15	8.19	8.84	6.32	0.92	0.49	0.44
28	黄沙河				12.56	11.70	11.02	61.70	153.21	268.72	230.15	246.43	188.11	30.88	17.07	15.07

续表

序号	干流(一级支流)	二级支流	三级支流	四级支流	1月	2月	3月	4月	5月	6月	7月	8月	9月	10月	11月	12月
29		黄沙河左支流			3.71	3.41	3.15	17.02	41.78	72.03	61.73	66.69	51.39	8.79	5.10	4.47
30		马蹄沥			1.12	1.04	0.96	4.97	11.13	19.02	17.26	18.57	14.44	2.51	1.55	1.35
31		张河沥			1.76	1.56	1.37	5.47	10.43	17.06	16.61	18.83	16.19	3.53	2.51	2.14
32		田脚水			4.87	4.23	3.69	14.83	28.36	44.23	41.83	47.71	42.63	9.55	6.89	5.87
33		田坑水			7.96	7.12	6.40	31.03	68.03	107.43	99.65	109.59	89.64	17.21	11.15	9.61
34		老鸦山水			0.37	0.35	0.34	2.42	6.29	10.61	8.56	9.11	6.64	0.94	0.48	0.44
35		三角楼水			1.45	1.29	1.19	7.02	16.32	24.67	21.67	23.61	18.58	3.23	2.01	1.75

5.3.2　河道自净需水量

按照《深圳市人民政府关于印发深圳市贯彻国务院水污染防治行动计划》实施治水提质的行动方案的：龙岗河（龙岗段）干流水质氨氮、化学需氧量和总磷指标稳定达地表Ⅳ类水体。

河流概化划分计算单元的基本原则是：有较大的支流汇入或河道发生分流，导致河段流量等参数发生突变；有较大的入河排放口汇入，导致河道流量发生突变；各街办交接河流断面或监控断面。目前龙岗河流域境内有西坑、葫芦围、低山村、吓陂、西湖村5个常规监测断面作为控制断面，模型计算起始断面为西坑，终止断面为西湖村，划分为西—芦围，葫芦围—低山村，低山村—吓陂，吓陂—西湖村，4个控制单元，功能区长度分别约为12公里、10公里、10公里、10公里。

流域生活污水和支流来水全部通过箱涵收集后分别进入水质净化厂处理，因此龙岗河干流沿岸现状无排污口。龙岗河干流概化情况如图5.3所示。

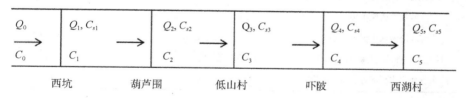

$$Q_0 \quad\quad Q_1, C_{s1} \quad\quad Q_2, C_{s2} \quad\quad Q_3, C_{s3} \quad\quad Q_4, C_{s4} \quad\quad Q_5, C_{s5}$$

$$C_0 \quad\quad C_1 \quad\quad C_2 \quad\quad C_3 \quad\quad C_4 \quad\quad C_5$$

西坑　　　　葫芦围　　　低山村　　　　吓陂　　　　西湖村

图 5.3　龙岗河干流分段概化

龙岗河流域主要以有机物污染为主，根据水质监测资料，选取 COD_{Cr}、NH_3-N、TP 作为污染指标因子，而自净需水量计算时，水质本底值和目标值对自净需水量的结果影响较大，为综合考虑龙岗河设计水平年水质现状、截污工程实施后水质情况等条件下自净需水量的大小，本文设计了四种情景，分别对各情景进行计算，如表5.4所示。

表 5.4　龙岗河干流水质控制目标

情景分类	水质本底值	水质目标
情景 1	2015 年水质数据	Ⅴ类水标准
情景 2	2018 年水质数据	Ⅴ类水标准
情景 3	2020 年水质Ⅴ类	Ⅴ类水标准
情景 4	2020 年水质Ⅴ类	Ⅳ类水标准

　　污染物综合衰减系数根据《珠江三角洲水环境容量与水质规划》《珠江三角洲环境保护规划》《广东省地表水环境容量核定技术报告》等项目的系数研究，对COD_{Cr}、NH_3-N衰减系数的取值为0.20/天、0.15/天，国内外对TP的衰减规律研究成果较少，本研究按0.1/天进行估算（表5.5）。

表 5.5　广东省重点研究成果采用的衰减系数（单位：1/天）

项目名称	承担单位	COD 衰减系数	NH₃-N 衰减系数
珠江三角洲水环境容量与水质规划	华南环境科学研究所	0.08～0.45	0.07～0.15
西江流域水质保护规划	华南环境科学研究所	0.10	0.07
韩江流域水质保护规划	华南环境科学研究所	0.15	0.10
东江流域水污染综合防治研究	华南环境科学研究所	0.1～0.4	0.06～0.2
北江流域水质保护规划	华南环境科学研究所	0.08～0.1	0.10～0.15
珠江流域水环境管理对策研究	华南环境科学研究所	0.07～0.60	0.03～0.30
广东省水资源保护规划要点	广东省水利厅	0.18	—
广州佛山跨市水污染综合整治方案	中山大学	0.2	0.05～0.1
鉴江水质保护规划	中山大学	0.2	0.1
练江流域水质保护规划	广东省环境监测中心站	0.3～0.55	0.1～0.35
珠江三角洲环境保护规划研究	中国环境规划院	0.2	0.15
广东省地表水环境容量核定研究	华南环境科学研究所	0.2	0.15

　　根据一维水质模型计算龙岗河流域在各情景下的河道自净需水量。其中情景3自净需水量为0，其他计算结果如表5.6～表5.8所示。

表5.6 自净需水量计算结果—情景1

单位：万立方米

序号	干流 （一级 支流）	二级 支流	三级 支流	四级 支流	1月	2月	3月	4月	5月	6月	7月	8月	9月	10月	11月	12月
1	龙岗河				1593.32	4174.67	1195.41	3090.21	3847.38	12779.75	6432.92	7313.21	6544.16	3802.94	1753.84	2977.96
2		盐田 坳支 流			166.35	149.53	145.24	311.42	840.58	1458.65	1187.41	1219.56	910.63	464.69	223.77	198.45
3		西湖 水			285.95	243.92	224.70	549.89	1284.46	1893.10	944.32	1041.73	829.71	135.14	84.55	72.26
4		蚌湖 水			4.94	5.17	5.19	6.86	16.74	27.59	46.63	45.75	32.82	11.86	5.34	4.90
5		四联 河			382.13	355.53	349.42	1068.27	2748.56	4253.69	2274.39	2387.90	1751.54	1085.14	561.17	507.98
6	大康河				1148.54	969.46	860.70	1436.91	342.69	496.40	456.94	7965.85	6696.46	4121.30	2744.37	2327.50
7		新塘 村排 水渠			139.96	119.50	103.26	120.51	195.72	294.29	268.38	312.81	303.04	279.04	211.16	176.50
8		横岗 福田 河			95.38	78.71	72.09	371.89	873.69	1264.11	80.36	87.92	71.32	261.37	159.19	134.82

续表

序号	干流（一级支流）	一级支流	二级支流	三级支流	四级支流	1月	2月	3月	4月	5月	6月	7月	8月	9月	10月	11月	12月
9	简龙河					31.66	26.62	23.54	41.24	89.68	128.83	132.78	149.93	124.11	54.59	37.21	31.78
10	爱联河					1404.79	877.69	196.53	1059.67	2342.71	2662.98	1397.70	2018.95	360.09	232.21	183.90	182.55
11	龙西河					230.70	152.55	574.63	1186.50	2345.52	1081.48	3868.69	4114.98	1652.56	423.00	364.91	668.90
12	回龙河					125.61	118.42	117.87	806.06	2115.15	3411.14	940.13	999.17	729.29	183.21	92.36	83.97
13	南约河					4303.96	283.84	649.82	743.00	1859.24	1793.97	2442.54	1799.46	5131.92	991.26	262.79	400.03
14	沙背沥河					199.60	174.23	159.84	275.24	619.50	898.67	515.61	574.20	457.40	225.96	147.85	128.01
15	水二村支流					12.39	10.83	10.28	92.76	231.25	341.61	75.13	81.70	62.05	29.72	17.25	15.17
16	同乐河					959.37	846.73	753.40	1134.30	2650.83	4167.78	3834.28	4150.32	3512.74	2142.58	1452.48	1243.81
17	大源水					135.22	121.88	111.15	258.57	552.47	918.11	484.87	531.01	429.00	295.26	193.56	167.09
18	三棵松水					169.81	147.77	126.96	121.34	219.58	348.56	275.40	316.49	291.85	354.60	262.59	221.66

续表

序号	干流(一级支流)	二级支流	三级支流	四级支流	1月	2月	3月	4月	5月	6月	7月	8月	9月	10月	11月	12月
19			田心村排渠		70.45	59.71	51.29	98.75	168.46	253.21	216.76	253.76	241.93	159.76	120.36	101.25
20			茅湖水		434.54	378.77	329.62	668.38	1291.31	1946.59	1005.84	1139.77	1014.99	418.35	301.47	255.69
21				浪背水	111.46	97.97	87.77	241.39	512.37	744.08	318.77	353.38	292.81	234.60	159.57	136.74
22				上禾塘水	87.21	75.79	65.26	111.90	186.42	277.87	136.48	157.74	150.26	192.67	145.13	122.66
23		丁山河			3078.26	1316.26	2092.84	2424.19	9602.40	4599.04	8061.45	5293.02	4638.03	1599.02	2899.40	4142.44
24			花园河		351.49	309.89	274.32	910.71	1685.89	2755.14	725.39	819.95	731.61	1978.69	1414.64	1202.81
25			黄竹坑水		115.87	116.61	125.18	386.89	786.97	1450.72	369.83	800.04	153.61	188.86	122.08	131.30
26			白石塘水		133.23	133.62	165.45	400.57	615.04	512.62	312.94	335.06	87.81	206.73	220.71	363.82
27			长坑水		26.58	25.29	24.94	48.91	123.43	209.80	96.60	104.36	74.62	32.70	17.44	15.65
28		黄沙河			935.66	338.82	381.23	2257.31	1950.91	2696.13	3153.07	5031.36	3154.02	1145.58	1187.41	1469.30

续表

序号	干流(一级支流)	二级支流	三级支流	四级支流	1月	2月	3月	4月	5月	6月	7月	8月	9月	10月	11月	12月
29		黄沙河左支流			599.42	182.20	272.56	428.38	546.61	989.18	277.79	355.67	286.94	496.47	497.02	691.30
30		马蹄沥			219.01	220.80	103.77	348.93	447.23	743.20	209.26	646.21	533.20	331.89	245.25	233.52
31		张河沥			196.25	116.21	115.81	188.09	281.38	603.48	92.75	310.10	356.48	390.68	342.15	285.27
32		田脚水			57.27	46.55	38.41	107.01	167.82	243.28	253.77	189.24	314.02	108.90	79.61	82.18
33		田坑水			125.84	120.02	70.39	172.21	415.57	734.97	383.66	492.25	355.58	253.83	200.76	100.91
34		老鸦山水			5.77	5.50	5.41	13.45	34.90	58.88	32.95	35.08	25.57	13.82	7.11	6.43
35		三角楼水			36.24	32.18	29.86	71.14	165.38	249.98	77.64	84.60	66.59	34.54	21.56	18.76

表5.7 自净需水量计算结果—情景2

单位：万立方米

序号	干流（一级支流）	二级支流	三级支流	四级支流	1月	2月	3月	4月	5月	6月	7月	8月	9月	10月	11月	12月
1	龙岗河				590.44	899.55	749.13	1 398.64	2 544.18	5 191.79	4 463.87	3 889.25	3 948.12	1 506.62	1 376.90	754.40
2		盐田坳支流			367.55	335.71	320.91	710.65	1 828.27	2 820.05	1 568.82	1 661.65	1 240.73	3 505.06	1 875.44	1 663.19
3		西湖水			58.47	49.87	45.94	22.44	52.43	77.27	68.21	75.24	59.93	80.37	50.28	42.97
4		蚌湖水			5.45	5.70	5.72	16.26	39.68	65.39	60.82	59.68	42.82	15.84	7.14	6.54
5		四联河			359.06	334.07	198.55	485.79	119.61	185.10	856.69	899.45	268.33	115.40	109.22	98.87
6	大康河				557.34	470.44	417.66	81.46	180.36	564.32	750.34	367.07	474.18	482.30	94.94	197.52
7		新塘村排水渠			59.76	51.02	44.09	111.36	180.85	271.94	271.17	316.06	306.19	297.26	224.95	188.03
8		横岗福田河			51.25	42.29	38.73	33.28	78.18	113.11	265.29	290.23	235.45	178.88	108.95	92.27

143

续表

序号	干流（一级支流）	二级支流	三级支流	四级支流	1月	2月	3月	4月	5月	6月	7月	8月	9月	10月	11月	12月
9		简龙河			6.75	5.68	5.02	8.63	18.77	38.95	35.23	39.78	32.93	14.04	9.57	8.17
10		爱联河			39.98	34.68	54.48	332.62	178.83	266.61	198.58	205.32	168.55	129.00	67.56	147.32
11		龙西河			135.34	18.51	8.19	115.59	180.92	249.19	156.78	309.53	104.76	67.93	26.18	33.11
12		回龙河			13.42	12.66	12.60	463.30	1215.71	1960.60	203.99	216.80	158.24	57.04	28.76	26.15
13		南约河			279.28	208.59	33.12	159.21	336.63	615.66	530.66	496.40	289.07	335.69	135.59	261.13
14		沙背沥河			43.58	38.05	34.90	28.25	63.60	92.25	193.95	215.99	172.06	63.40	41.48	35.92
15		水二村支流			10.28	8.99	8.53	19.47	48.55	71.72	62.22	67.67	51.39	16.70	9.69	8.52
16		同乐河			1368.21	805.72	716.92	1191.98	2534.05	3984.18	3665.37	3962.53	3353.79	1502.72	1018.71	872.36
17		大源水			55.68	117.86	107.49	123.07	539.70	896.90	926.28	1014.42	819.55	424.79	278.48	240.40
18			三棵松水		108.62	94.53	81.21	101.27	100.20	159.07	346.51	398.22	367.21	253.84	187.98	158.68

续表

序号	干流(一级支流)	二级支流	三级支流	四级支流	1月	2月	3月	4月	5月	6月	7月	8月	9月	10月	11月	12月
19			田心村排洪渠		19.95	16.91	14.53	17.41	29.70	128.99	132.30	154.88	147.66	122.17	92.04	77.43
20			茅湖水		250.78	218.60	190.23	261.49	472.14	711.73	930.70	1 054.62	939.16	497.92	358.82	304.32
21				浪背水	120.60	106.00	94.96	8.49	18.01	26.16	11.35	12.59	10.43	6.09	4.14	3.55
22				上禾塘水	45.79	39.79	34.26	58.66	97.73	145.66	171.90	198.67	189.25	132.26	99.63	84.20
23	丁山河				7 749.69	6 817.30	3 188.54	6 023.23	6 283.31	7 072.54	9 367.89	27 276.00	6 233.75	9 759.49	3 155.95	3 612.70
24		花园河			208.34	183.68	162.60	212.43	965.59	1 578.00	1 712.89	1 936.19	651.68	436.96	312.40	265.62
25		黄竹坑水			40.43	39.73	39.25	91.66	239.13	423.13	512.81	545.69	390.64	161.49	80.48	73.60
26		白石塘水			34.92	30.16	26.91	43.71	92.85	132.73	238.13	268.52	227.07	92.54	64.33	55.02
27		长坑水			36.95	35.17	34.68	78.89	199.08	338.38	8.19	8.84	6.32	1.62	0.86	0.77
28	黄沙河				1 120.91	813.40	749.24	2 648.10	3 051.49	1 406.29	1 948.61	3 445.97	1 335.60	1 066.84	714.49	1 036.05

续表

序号	干流（一级支流）	二级支流	三级支流	四级支流	1月	2月	3月	4月	5月	6月	7月	8月	9月	10月	11月	12月
29		黄沙河左支流			590.15	173.69	264.68	414.19	511.79	929.15	174.91	244.52	201.29	474.51	484.28	680.12
30		马蹄沥			86.27	169.23	169.18	310.10	623.01	530.86	601.16	232.11	359.88	498.47	192.47	183.44
31		张河沥			130.92	134.33	90.03	244.00	281.56	307.57	185.78	212.49	165.96	213.42	94.48	102.04
32		田脚水			36.56	44.43	20.32	40.78	73.27	81.09	193.12	75.54	120.78	282.28	43.08	126.50
33		田坑水			33.85	21.37	65.91	103.43	113.39	277.52	307.26	219.18	89.64	956.79	86.44	45.65
34		老鸦山水			4.00	3.81	3.75	8.85	22.96	38.72	73.59	78.35	57.11	9.74	5.01	4.54
35		三角楼水			14.93	13.26	12.30	14.98	34.82	52.63	45.50	49.58	39.02	22.92	14.30	12.45

单位：万立方米

表5.8 自净需水量计算结果—情景4

序号	干流（一级支流）	二级支流	三级支流	四级支流	1月	2月	3月	4月	5月	6月	7月	8月	9月	10月	11月	12月
1	龙岗河				2448.07	2070.18	3852.72	6076.82	6365.51	11188.51	16865.80	17990.75	9442.11	3722.23	3089.40	1362.47
2		盐田坳支流			140.82	128.62	122.96	272.28	700.49	1080.48	959.52	1016.30	758.86	354.05	189.44	168.00
3		西湖水			38.69	33.00	30.40	58.68	137.06	202.01	176.59	194.81	155.16	86.42	54.07	46.21
4		蚌湖水			2.61	2.73	2.74	7.78	19.00	31.31	29.12	28.57	20.50	7.58	3.42	3.13
5		四联河			55.41	51.55	50.67	123.97	318.95	493.61	426.21	447.49	328.23	141.16	73.00	66.08
6	大康河				138.90	117.24	104.09	173.78	384.78	557.36	513.05	574.12	482.63	297.03	197.79	167.75
7		新塘村排水渠			15.62	13.34	11.53	13.56	22.02	33.11	35.45	41.32	40.02	30.37	22.98	19.21
8		横岗福田河			27.50	22.69	20.78	43.29	101.70	147.14	129.10	141.23	114.57	63.94	38.95	32.98

续表

序号	干流(一级支流)	二级支流	三级支流	四级支流	1月	2月	3月	4月	5月	6月	7月	8月	9月	10月	11月	12月
9		筒龙河			40.01	33.65	29.75	51.15	111.23	159.79	144.53	163.18	135.08	83.18	56.70	48.43
10		爱联河			142.17	123.31	107.61	149.83	280.52	418.21	407.34	456.26	408.61	275.21	200.17	170.80
11		龙西河			164.05	149.56	145.52	326.19	861.53	1 329.00	1 129.96	1 213.86	901.19	411.68	218.18	196.23
12		回龙河			42.61	40.18	39.99	96.52	253.27	408.46	337.87	359.09	262.10	111.04	55.98	50.89
13		南约河			244.98	218.13	196.25	314.50	690.53	1 087.26	1 003.61	1 103.12	906.90	526.57	344.36	296.32
14		沙背沥河			11.78	10.28	9.43	17.73	39.90	57.89	51.21	57.03	45.43	25.16	16.46	14.25
15		水二村支流			8.65	7.56	7.18	16.38	40.84	60.33	51.37	55.86	42.43	20.43	11.85	10.42
16		同乐河			123.89	109.34	97.29	146.48	311.40	489.61	450.43	500.79	423.86	258.53	175.26	150.08
17		大源水			23.75	21.41	19.53	31.86	68.08	113.14	101.65	111.32	89.94	50.80	33.30	28.75
18		三棵松水			26.57	23.13	19.87	24.78	44.83	71.17	68.96	79.25	73.08	51.67	38.26	32.30

续表

序号	干流（一级支流）	二级支流	三级支流	四级支流	1月	2月	3月	4月	5月	6月	7月	8月	9月	10月	11月	12月
19			田心村排洪渠		11.82	10.02	8.61	10.32	17.60	26.46	27.14	31.77	30.29	22.78	17.16	14.44
20		茅湖水			62.50	54.48	47.41	65.17	125.90	189.80	183.84	208.32	185.51	124.09	89.42	75.84
21				浪背水	19.49	17.13	15.35	26.62	56.51	82.06	75.70	83.91	69.53	40.62	27.63	23.68
22				上禾塘水	14.54	12.63	10.88	13.26	22.08	32.92	34.47	39.83	37.94	27.77	20.92	17.68
23	丁山河				384.30	349.61	320.56	496.51	1 113.32	2 017.12	1 800.44	1 965.84	1 590.75	909.18	542.96	463.17
24		花园河			55.01	48.50	42.93	56.09	103.83	169.68	162.55	183.74	163.95	109.93	78.59	66.82
25		黄竹坑水			14.00	13.76	13.59	31.74	82.82	146.54	115.89	123.32	88.28	36.50	18.19	16.63
26		白石塘水			16.05	13.87	12.37	20.10	42.69	61.03	56.20	63.37	53.59	32.81	22.81	19.51
27		长坑水			4.93	4.69	4.62	10.52	26.54	45.12	36.39	39.31	28.10	12.32	6.57	5.89
28	黄沙河				167.46	156.05	146.91	274.24	680.95	1 194.30	1 022.89	1 095.26	836.06	411.71	227.64	200.93

续表

序号	干流（一级支流）	二级支流	三级支流	四级支流	1月	2月	3月	4月	5月	6月	7月	8月	9月	10月	11月	12月
29		黄沙河左支流			49.49	45.41	42.01	75.65	185.68	320.12	274.36	296.39	228.41	117.16	67.97	59.66
30		马蹄沥			14.95	13.86	12.82	22.08	49.45	84.51	76.70	82.53	64.19	33.52	20.70	18.05
31		张河沥			23.48	20.83	18.33	24.32	46.35	75.80	73.83	83.70	71.96	47.03	33.48	28.49
32		田脚水			64.99	56.42	49.25	65.90	126.06	196.59	185.92	212.03	189.45	127.37	91.91	78.27
33		田坑水			106.20	94.97	85.33	137.90	302.37	477.45	442.90	487.07	398.40	229.45	148.71	128.14
34		老鸦山水			4.87	4.64	4.56	10.77	27.95	47.15	38.03	40.49	29.51	12.49	6.43	5.82
35		三角楼水			19.33	17.17	15.93	31.20	72.54	109.64	96.30	104.93	82.59	43.04	26.86	23.37

5.3.3 河流蒸发需水量

当降雨量小于水面蒸发量时，河流必须接纳外来水量的补给，来使生态系统功能正常运转。而当降雨量大于水面蒸发量时，蒸发需水量为零。根据水面面积、降水量、水面蒸发量，可以求得龙岗河流域的蒸发生态需水量。其计算公式为

$$W_E = A \times (E - P) \quad E > P \tag{5-16}$$

$$W_E = 0 \quad E \leqslant P \tag{5-17}$$

式中，W_E 为河流蒸发需水量，平方米；A 为水面平均面积，平方米；E 为多年平均蒸发量，毫米；P 为多年平均降水量，毫米。

龙岗河流域多年平均降雨量为1 910毫米，多年平均蒸发量为1 322毫米，多年平均蒸发量小于多年平均降雨量，因此在本研究中，龙岗河流域河流蒸发需水量可忽略不计。

5.3.4 河流渗透需水量

当河水位高于地下水位时，河水渗透补给地下水，本研究河道渗漏损失量按达西公式计算，公式为

$$W_S = K \times A \times I \tag{5-18}$$

式中，W_S 为河流渗透需水量，立方米；K 为渗透系数；A 为渗透剖面面积，平方米；I 为水力坡度。

龙岗河流域地下水类型为覆盖型岩溶水，含水岩层为灰岩、大理岩等碳酸盐盐，渗透系数取值为1.37~1.50米/天，本研究取K=1.50米/天。龙岗河地面坡降较大，河床纵向平均坡降10.8‰。由式（5-18）可计算得到龙岗河流域渗透需水量结果见表5.9。

表 5.9 下渗需水量计算结果

单位：万立方米

序号	干流 (一级 支流)	二级 支流	三级 支流	四级 支流	1月	2月	3月	4月	5月	6月	7月	8月	9月	10月	11月	12月
1	龙岗河				48.77	45.63	51.82	79.80	121.07	188.04	165.86	177.31	138.80	77.20	52.86	52.85
2		盐田坳支流			0.23	0.18	0.20	0.50	1.31	1.87	1.60	1.75	1.22	0.57	0.30	0.27
3		西湖水			0.32	0.25	0.25	0.48	1.15	1.64	1.48	1.63	1.26	0.72	0.44	0.39
4		蚌湖水			0.17	0.16	0.18	0.48	1.22	1.94	1.86	1.83	1.27	0.49	0.21	0.20
5		四联河			0.22	0.18	0.20	0.47	1.26	1.88	1.68	1.76	1.25	0.56	0.28	0.26
6	大康河				3.04	2.32	2.28	3.68	8.43	11.82	11.24	12.58	10.23	6.51	4.19	3.68
7		新塘村排水渠			0.53	0.41	0.39	0.45	0.75	1.09	1.21	1.41	1.32	1.03	0.76	0.65
8		横岗福田河			0.63	0.47	0.48	0.96	2.34	3.27	2.97	3.24	2.55	1.47	0.87	0.76

续表

序号	干流（一级支流）	二级支流	三级支流	四级支流	1月	2月	3月	4月	5月	6月	7月	8月	9月	10月	11月	12月
9		箭龙河			0.77	0.58	0.57	0.95	2.14	2.97	2.78	3.14	2.51	1.60	1.05	0.93
10		爱联河			3.22	2.52	2.44	3.28	6.35	9.17	9.23	10.34	8.96	6.23	4.39	3.87
11		龙西河			3.78	3.11	3.35	7.27	19.85	29.64	26.04	27.97	20.10	9.49	4.87	4.52
12			回龙河		1.26	1.07	1.18	2.76	7.49	11.70	10.00	10.63	7.51	3.29	1.60	1.51
13		南约河			6.10	4.91	4.89	7.58	17.20	26.21	25.00	27.47	21.86	13.11	8.30	7.38
14			沙背坜河		0.34	0.26	0.27	0.49	1.14	1.60	1.46	1.62	1.25	0.72	0.45	0.41
15			水二村支流		0.26	0.21	0.22	0.48	1.24	1.78	1.56	1.70	1.25	0.62	0.35	0.32
16		同乐河			3.50	2.79	2.75	4.00	8.80	13.38	12.72	14.14	11.59	7.30	4.79	4.24
17		大源水			0.35	0.28	0.29	0.45	1.00	1.60	1.49	1.63	1.27	0.74	0.47	0.42
18			三棵松水		0.49	0.38	0.36	0.44	0.82	1.26	1.27	1.45	1.30	0.95	0.68	0.59

续表

序号	干流(一级支流)	二级支流	三级支流	四级支流	1月	2月	3月	4月	5月	6月	7月	8月	9月	10月	11月	12月
19			田心村排洪渠		0.53	0.40	0.38	0.44	0.78	1.14	1.21	1.41	1.30	1.01	0.74	0.64
20			茅湖水		0.90	0.71	0.68	0.91	1.81	2.64	2.65	3.00	2.58	1.79	1.25	1.09
21				浪背水	0.04	0.03	0.03	0.05	0.11	0.15	0.14	0.16	0.13	0.08	0.05	0.04
22				上禾塘水	0.52	0.41	0.39	0.46	0.79	1.14	1.23	1.42	1.31	0.99	0.72	0.63
23	丁山河				8.49	6.98	7.08	10.61	24.59	43.12	39.77	43.43	34.01	20.08	11.61	10.23
24		花园河			1.35	1.08	1.05	1.33	2.55	4.03	3.99	4.51	3.90	2.70	1.87	1.64
25			黄竹坑水		0.20	0.18	0.20	0.44	1.20	2.05	1.68	1.79	1.24	0.53	0.25	0.24
26			白石塘水		0.39	0.31	0.30	0.48	1.05	1.45	1.38	1.55	1.27	0.80	0.54	0.48
27			长坑水		0.02	0.02	0.02	0.05	0.12	0.20	0.16	0.18	0.12	0.06	0.03	0.03
28	黄沙河				1.33	1.12	1.16	2.10	5.39	9.15	8.10	8.67	6.40	3.26	1.74	1.59

续表

序号	干流（一级支流）	二级支流	三级支流	四级支流	1月	2月	3月	4月	5月	6月	7月	8月	9月	10月	11月	12月
29		黄沙河左支流			0.86	0.71	0.73	1.27	3.21	5.35	4.74	5.12	3.82	2.03	1.14	1.03
30		马蹄沥			0.31	0.26	0.26	0.44	1.02	1.68	1.58	1.70	1.28	0.69	0.41	0.37
31		张河沥			0.44	0.35	0.34	0.44	0.86	1.36	1.37	1.55	1.29	0.87	0.60	0.53
32		田脚水			1.83	1.43	1.39	1.80	3.55	5.35	5.23	5.97	5.16	3.58	2.50	2.20
33		田坑水			2.48	2.01	2.00	3.12	7.07	10.81	10.36	11.39	9.02	5.37	3.37	3.00
34		老羁山水			0.21	0.18	0.20	0.45	1.22	1.99	1.66	1.77	1.25	0.54	0.27	0.25
35		三角楼水			0.31	0.24	0.25	0.48	1.15	1.68	1.52	1.66	1.26	0.68	0.41	0.37

5.4 流域生态需水量计算结果

5.4.1 情景1（2015年水质到地表水V类）

此情景以2015年水质为基准，以实现地表水V类为目标计算龙岗河流域各支流生态需水量。此时，生态需水量为生态基础流量、自净需水量、渗透需水量之和，计算结果如表5.10所示。

表5.10 生态需水量计算结果—情景1

单位：万立方米

序号	干流（一级支流）	二级支流	三级支流	四级支流	1月	2月	3月	4月	5月	6月	7月	8月	9月	10月	11月	12月
1	龙岗河				1642.09	4220.3	1247.23	3170.01	3968.45	12967.79	6598.78	7490.52	6682.96	3880.14	1806.7	3030.81
2		盐田	坳支流		166.58	149.71	145.44	311.92	841.89	1460.52	1189.01	1221.31	911.85	465.26	224.07	198.72
3			西湖水		286.27	244.17	224.95	550.37	1285.61	1894.74	945.8	1043.36	830.97	135.86	84.99	72.65
4			蚌湖水		5.11	5.33	5.37	7.34	17.96	29.53	48.49	47.58	34.09	12.35	5.55	5.1
5			四联河		382.35	355.71	349.62	1068.74	2749.82	4255.57	2276.07	2389.66	1752.79	1085.7	561.45	508.24

续表

序号	干流（一级支流）	二级支流	三级支流	四级支流	1月	2月	3月	4月	5月	6月	7月	8月	9月	10月	11月	12月
6	大康河				1151.58	971.78	862.98	1440.59	351.12	508.22	468.18	7978.43	6706.69	4127.81	2748.56	2331.18
7		新塘村排水渠			140.49	119.91	103.65	120.96	196.47	295.38	269.59	314.22	304.36	280.07	211.92	177.15
8		横岗福田河			96.01	79.18	72.57	372.85	876.03	1267.38	83.33	91.16	73.87	262.84	160.06	135.58
9		简龙河			32.43	27.2	24.11	42.19	91.82	131.8	135.56	153.07	126.62	56.19	38.26	32.71
10	爱联河				1408.01	880.21	198.97	1062.95	2349.06	2672.15	1406.93	2029.29	369.05	238.44	188.29	186.42
11	龙西河				234.48	155.66	577.98	1193.77	2365.37	1111.12	3894.73	4142.95	1672.66	432.49	369.78	673.42
12		回龙河			126.87	119.49	119.05	808.82	2122.64	3422.84	950.13	1009.8	736.8	186.5	93.96	85.48
13	南约河				4310.06	288.75	654.71	750.58	1876.44	1820.18	2467.54	1826.93	5153.78	1004.37	271.09	407.41
14	沙背坜河				199.94	174.49	160.11	275.73	620.64	900.27	517.07	575.82	458.65	226.68	148.3	128.42

续表

序号	干流(一级支流)	二级支流	三级支流	四级支流	1月	2月	3月	4月	5月	6月	7月	8月	9月	10月	11月	12月
15		水二村支流			12.65	11.04	10.5	93.24	232.49	343.39	76.69	83.4	63.3	30.34	17.6	15.49
16		同乐河			962.87	849.52	756.15	1 138.3	2 659.63	4 181.16	3 847	4 164.46	3 524.33	2 149.88	1 457.27	1 248.05
17		大源水			135.57	122.16	111.44	259.02	553.47	919.71	486.36	532.64	430.27	296	194.03	167.51
18			三棵松水		170.3	148.15	127.32	121.78	220.4	349.82	276.67	317.94	293.15	355.55	263.27	222.25
19			田心村排洪渠		70.98	60.11	51.67	99.19	169.24	254.35	217.97	255.17	243.23	160.77	121.1	101.89
20			茅湖水		435.44	379.48	330.3	669.29	1 293.12	1 949.23	1 008.49	1 142.77	1 017.57	420.14	302.72	256.78
21				浪背水	111.5	98	87.8	241.44	512.48	744.23	318.91	353.54	292.94	234.68	159.62	136.78
22				上禾塘水	87.73	76.2	65.65	112.36	187.21	279.01	137.71	159.16	151.57	193.66	145.85	123.29
23	丁山河				3 086.75	1 323.24	2 099.92	2 434.8	9 626.99	4 642.16	8 101.22	5 336.45	4 672.04	1 619.1	2 911.01	4 152.67

续表

序号	干流 (一级 支流)	二级 支流	三级 支流	四级 支流	1月	2月	3月	4月	5月	6月	7月	8月	9月	10月	11月	12月
24		花园河			352.84	310.97	275.37	912.04	1688.44	2759.17	729.38	824.46	735.51	1981.39	1416.51	1204.45
25		黄竹坑水			116.07	116.79	125.38	387.33	788.17	1452.77	371.51	801.83	154.85	189.39	122.33	131.54
26		白石塘水			133.62	133.93	165.75	401.05	616.09	514.07	314.32	336.61	89.08	207.53	221.25	364.3
27		长坑水			26.6	25.31	24.96	48.96	123.55	210	96.76	104.54	74.74	32.76	17.47	15.68
28	黄沙河				936.99	339.94	382.39	2259.41	1956.3	2705.28	3161.17	5040.03	3160.42	1148.84	1189.15	1470.89
29		黄沙河左支流			600.28	182.91	273.29	429.65	549.82	994.53	282.53	360.79	290.76	498.5	498.16	692.33
30		马蹄沥			219.32	221.06	104.03	349.37	448.25	744.88	210.84	647.91	534.48	332.58	245.66	233.89
31		张河沥			196.69	116.56	116.15	188.53	282.24	604.84	94.12	311.65	357.77	391.55	342.75	285.8
32		田脚水			59.1	47.98	39.8	108.81	171.37	248.63	259	195.21	319.18	112.48	82.11	84.38
33		田坑水			128.32	122.03	72.39	175.33	422.64	745.78	394.02	503.64	364.6	259.2	204.13	103.91

续表

序号	干流（一级支流）	二级支流	三级支流	四级支流	1月	2月	3月	4月	5月	6月	7月	8月	9月	10月	11月	12月
34		老鸦山水			5.98	5.68	5.61	13.9	36.12	60.87	34.61	36.85	26.82	14.36	7.38	6.68
35		三角楼水			36.55	32.42	30.11	71.62	166.53	251.66	79.16	86.26	67.85	35.22	21.97	19.13

5.4.2 情景2（2018年水质到地表水V类）

此情景以2018年水质为基准，以实现地表水V类为目标计算龙岗河流域各支流生态需水量。此时，生态需水量为生态基础流量、自净需水量、渗透需水量之和。计算结果如表5.11所示。

单位：万立方米

表5.11 生态需水量计算结果—情景2

序号	干流（一级支流）	二级支流	三级支流	四级支流	1月	2月	3月	4月	5月	6月	7月	8月	9月	10月	11月	12月
1	龙岗河				639.21	945.18	800.95	1478.44	2665.25	5379.83	4629.73	4066.56	4086.92	1583.82	1429.76	807.25
2		盐田坳支流			367.78	335.89	321.11	711.15	1829.58	2821.92	1570.42	1663.4	1241.95	3505.63	1875.74	1663.46
3		西湖水			58.79	50.12	46.19	22.92	53.58	78.91	69.69	76.87	61.19	81.09	50.72	43.36

续表

序号	干流（一级支流）	二级支流	三级支流	四级支流	1月	2月	3月	4月	5月	6月	7月	8月	9月	10月	11月	12月
4		蚌湖水			5.62	5.86	5.9	16.74	40.9	67.33	62.68	61.51	44.09	16.33	7.35	6.74
5		四联河			359.28	334.25	198.75	486.26	120.87	186.98	858.37	901.21	269.58	115.96	109.5	99.13
6	大康河				560.38	472.76	419.94	85.14	188.79	576.14	761.58	379.65	484.41	488.81	99.13	201.2
7		新塘村排水渠			60.29	51.43	44.48	111.81	181.6	273.03	272.38	317.47	307.51	298.29	225.71	188.68
8		横岗福田河			51.88	42.76	39.21	34.24	80.52	116.38	268.26	293.47	238	180.35	109.82	93.03
9		简龙河			7.52	6.26	5.59	9.58	20.91	41.92	38.01	42.92	35.44	15.64	10.62	9.1
10	爱联河				43.2	37.2	56.92	335.9	185.18	275.78	207.81	215.66	177.51	135.23	71.95	151.19
11	龙西河				139.12	21.62	11.54	122.86	200.77	278.83	182.82	337.5	124.86	77.42	31.05	37.63
12		回龙河			14.68	13.73	13.78	466.06	1 223.2	1 972.3	213.99	227.43	165.75	60.33	30.36	27.66

续表

序号	干流（一级支流）	二级支流	三级支流	四级支流	1月	2月	3月	4月	5月	6月	7月	8月	9月	10月	11月	12月
13	南约河				285.38	213.5	38.01	166.79	353.83	641.87	555.66	523.87	310.93	348.8	143.89	268.51
14		沙背沥河			43.92	38.31	35.17	28.74	64.74	93.85	195.41	217.61	173.31	64.12	41.93	36.33
15		水二村支流			10.54	9.2	8.75	19.95	49.79	73.5	63.78	69.37	52.64	17.32	10.04	8.84
16		同乐河			1371.71	808.51	719.67	1195.98	2542.85	3997.56	3678.09	3976.67	3365.38	1510.02	1023.5	876.6
17		大源水			56.03	118.14	107.78	123.52	540.7	898.5	927.77	1016.05	820.82	425.53	278.95	240.82
18			三棵松水		109.11	94.91	81.57	101.71	101.02	160.33	347.78	399.67	368.51	254.79	188.66	159.27
19			田心村排洪渠		20.48	17.31	14.91	17.85	30.48	130.13	133.51	156.29	148.96	123.18	92.78	78.07
20			茅湖水		251.68	219.31	190.91	262.4	473.95	714.37	933.35	1057.62	941.74	499.71	360.07	305.41
21				浪背水	120.64	106.03	94.99	8.54	18.12	26.31	11.49	12.75	10.56	6.17	4.19	3.59

续表

序号	干流（一级支流）	二级支流	三级支流	四级支流	1月	2月	3月	4月	5月	6月	7月	8月	9月	10月	11月	12月
22				上禾塘水	46.31	40.2	34.65	59.12	98.52	146.8	173.13	200.09	190.56	133.25	100.35	84.83
23	丁山河				7758.18	6824.28	3195.62	6033.84	6307.9	7115.66	9407.66	27319.43	6267.76	9779.57	3167.56	3622.93
24		花园河			209.69	184.76	163.65	213.76	968.14	1582.03	1716.88	1940.7	655.58	439.66	314.27	267.26
25			黄竹坑水		40.63	39.91	39.45	92.1	240.33	425.18	514.49	547.48	391.88	162.02	80.73	73.84
26			白石塘水		35.31	30.47	27.21	44.19	93.9	134.18	239.51	270.07	228.34	93.34	64.87	55.5
27			长坑水		36.97	35.19	34.7	78.94	199.2	338.58	8.35	9.02	6.44	1.68	0.89	0.8
28	黄沙河				1122.24	814.52	750.4	2650.2	3056.88	1415.44	1956.71	3454.64	1342	1070.1	716.23	1037.64
29		黄沙河左支流			591.01	174.4	265.41	415.46	515	934.5	179.65	249.64	205.11	476.54	485.42	681.15
30	马蹄沥				86.58	169.49	169.44	310.54	624.03	532.54	602.74	233.81	361.16	499.16	192.88	183.81

续表

序号	干流（一级支流）	二级支流	三级支流	四级支流	1月	2月	3月	4月	5月	6月	7月	8月	9月	10月	11月	12月
31	张河沥				131.36	134.68	90.37	244.44	282.42	308.93	187.15	214.04	167.25	214.29	95.08	102.57
32		田脚水			38.39	45.86	21.71	42.58	76.82	86.44	198.35	81.51	125.94	285.86	45.58	128.7
33		田坑水			36.33	23.38	67.91	106.55	120.46	288.33	317.62	230.57	98.66	962.16	89.81	48.65
34			老鸦山水		4.21	3.99	3.95	9.3	24.18	40.71	75.25	80.12	58.36	10.28	5.28	4.79
35				三角楼水	15.24	13.5	12.55	15.46	35.97	54.31	47.02	51.24	40.28	23.6	14.71	12.82

5.4.3 情景 3（2020 年地表水 V 类到地表水 V 类）

此种情景下，水质已满足要求，无须计算自净需水量。此时，生态需水量为生态基础流量、渗透需水量之和，计算结果如表 5.12 所示。

表5.12 生态需水量计算结果—情景3

单位：万立方米

序号	干流（一级支流）	二级支流	三级支流	四级支流	1月	2月	3月	4月	5月	6月	7月	8月	9月	10月	11月	12月
1	龙岗河				262.84	267.39	279.27	1165.62	1715.43	2746.81	2349.99	2512.2	2027.48	416.09	292.6	284.82
2		盐田坳支流			0.67	0.57	0.59	3.51	8.88	13.06	10.85	11.89	8.54	1.68	0.9	0.8
3		西湖水			3.22	2.73	2.53	13.68	31.99	47.09	41.21	45.46	36.17	7.2	4.49	3.86
4		蚌湖水			0.37	0.36	0.39	2.23	5.49	8.98	8.41	8.26	5.88	1.06	0.47	0.43
5		四联河			4.38	4.05	4	28.36	73.02	112.94	97.58	102.44	75.1	11.15	5.75	5.22
6	大康河				13.46	11.11	10.09	42.78	95	137.23	126.68	141.76	118.82	28.79	19.02	16.26
7		新塘村排水渠			1.7	1.41	1.25	3.5	5.7	8.54	9.19	10.71	10.33	3.31	2.48	2.09
8		横岗福田河			2.69	2.17	2.04	10.7	25.22	36.38	32.02	35.02	28.33	6.27	3.79	3.23

续表

序号	干流(一级支流)	二级支流	三级支流	四级支流	1月	2月	3月	4月	5月	6月	7月	8月	9月	10月	11月	12月
9			筒龙河		3.77	3.1	2.8	12.46	27.17	38.92	35.3	39.86	32.9	7.84	5.3	4.56
10			爱联河		13.88	11.77	10.51	36.99	69.47	103.27	100.88	113	100.9	26.87	19.4	16.68
11			龙西河		16.08	14.33	14.26	80.66	213.69	328.67	280.28	301.09	222.87	40.37	21.23	19.24
12			回龙河		4.46	4.08	4.18	24.48	64.48	103.6	86.02	91.43	66.48	11.62	5.8	5.33
13			南约河		24.47	21.27	19.61	78.34	172.57	270.84	250.81	275.67	225.91	52.6	34.13	29.6
14			沙背沥河		1.22	1.03	0.98	4.48	10.12	14.62	12.98	14.45	11.47	2.61	1.68	1.48
15			木二村支流		0.91	0.78	0.76	4.17	10.43	15.35	13.12	14.27	10.8	2.15	1.24	1.1
16			同乐河		12.79	10.99	10.05	36.96	78.87	123.54	114.07	126.82	106.96	26.69	17.93	15.5
17			大源水		2.13	1.89	1.75	7.62	16.32	27.06	24.36	26.68	21.51	4.55	2.97	2.58
18			三棵松水		2.48	2.11	1.85	6.01	10.91	17.27	16.79	19.28	17.74	4.83	3.55	3.01

续表

序号	干流(一级支流)	二级支流	三级支流	四级支流	1月	2月	3月	4月	5月	6月	7月	8月	9月	10月	11月	12月
19			田心村排洪渠		1.42	1.15	1.03	2.76	4.74	7.09	7.32	8.56	8.11	2.72	2.03	1.72
20		茅湖水			5.59	4.8	4.24	15.57	30.14	45.34	44.01	49.87	44.32	11.1	7.96	6.78
21				浪背水	1.5	1.31	1.18	6.04	12.82	18.61	17.17	19.04	15.77	3.13	2.12	1.82
22				上禾塘水	1.61	1.36	1.21	3.44	5.76	8.55	8.98	10.38	9.85	3.07	2.29	1.96
23	丁山河				37.31	33.2	31.12	122.32	275.09	496.97	444.87	485.74	391.93	88.27	52.33	44.97
24		花园河			5.48	4.72	4.27	13.95	25.91	42.21	40.56	45.85	40.79	10.94	7.76	6.65
25		黄竹坑水			1.25	1.21	1.22	7.58	19.83	35.02	27.76	29.54	21.1	3.27	1.61	1.49
26		白石塘水			1.59	1.35	1.23	5	10.65	15.18	14.02	15.81	13.33	3.26	2.25	1.94
27		长坑水			0.39	0.37	0.37	2.42	6.09	10.35	8.35	9.02	6.44	0.98	0.52	0.47
28	黄沙河				13.89	12.82	12.18	63.8	158.6	277.87	238.25	255.1	194.51	34.14	18.81	16.66

续表

序号	干流（一级支流）	二级支流	三级支流	四级支流	1月	2月	3月	4月	5月	6月	7月	8月	9月	10月	11月	12月
29	黄沙河左支流				4.57	4.12	3.88	18.29	44.99	77.38	66.47	71.81	55.21	10.82	6.24	5.5
30	马蹄沥				1.43	1.3	1.22	5.41	12.15	20.7	18.84	20.27	15.72	3.2	1.96	1.72
31	张河沥				2.2	1.91	1.71	5.91	11.29	18.42	17.98	20.38	17.48	4.4	3.11	2.67
32	田脚水				6.7	5.66	5.08	16.63	31.91	49.58	47.06	53.68	47.79	13.13	9.39	8.07
33	田坑水				10.44	9.13	8.4	34.15	75.1	118.24	110.01	120.98	98.66	22.58	14.52	12.61
34	老鸦山水				0.58	0.53	0.54	2.87	7.51	12.6	10.22	10.88	7.89	1.48	0.75	0.69
35	三角楼水				1.76	1.53	1.44	7.5	17.47	26.35	23.19	25.27	19.84	3.91	2.42	2.12

5.4.4 情景4（2020年地表水Ⅴ类水到地表水Ⅳ类）

此情景以2020年河流水质达到地表水Ⅴ类水为基准，以实现地表水Ⅳ类为目标计算龙岗河流域各支流生需水量。此时，生态需水量为生态基础流量、自净需水量、渗透需水量之和，计算结果如表5.13所示。

表5.13　生态需水量计算结果—情景3

单位：万立方米

序号	干流（一级支流）	二级支流	三级支流	四级支流	1月	2月	3月	4月	5月	6月	7月	8月	9月	10月	11月	12月
1	龙岗河				2496.84	2115.81	3904.54	6156.62	6486.58	11376.55	17031.66	18168.06	9580.91	3799.43	3142.26	1415.32
2		盐田坳支流			141.05	128.8	123.16	272.78	701.8	1082.35	961.12	1018.05	760.08	354.62	189.74	168.27
3		西湖水			39.01	33.25	30.65	59.16	138.21	203.65	178.07	196.44	156.42	87.14	54.51	46.6
4		蚌湖水			2.78	2.89	2.92	8.26	20.22	33.25	30.98	30.4	21.77	8.07	3.63	3.33
5		四联河			55.63	51.73	50.87	124.44	320.21	495.49	427.89	449.25	329.48	141.72	73.28	66.34
6	大康河				141.94	119.56	106.37	177.46	393.21	569.18	524.29	586.7	492.86	303.54	201.98	171.43
7		新塘村排水渠			16.15	13.75	11.92	14.01	22.77	34.2	36.66	42.73	41.34	31.4	23.74	19.86
8		横岗福田河			28.13	23.16	21.26	44.25	104.04	150.41	132.07	144.47	117.12	65.41	39.82	33.74

续表

序号	干流(一级支流)	二级支流	三级支流	四级支流	1月	2月	3月	4月	5月	6月	7月	8月	9月	10月	11月	12月
9		简龙河			40.78	34.23	30.32	52.1	113.37	162.76	147.31	166.32	137.59	84.78	57.75	49.36
10	爱联河				145.39	125.83	110.05	153.11	286.87	427.38	416.57	466.6	417.57	281.44	204.56	174.67
11	龙西河				167.83	152.67	148.87	333.46	881.38	1 358.64	1 156	1 241.83	921.29	421.17	223.05	200.75
12		回龙河			43.87	41.25	41.17	99.28	260.76	420.16	347.87	369.72	269.61	114.33	57.58	52.4
13	南约河				251.08	223.04	201.14	322.08	707.73	1 113.47	1 028.61	1 130.59	928.76	539.68	352.66	303.7
14		沙背沥河			12.12	10.54	9.7	18.22	41.04	59.49	52.67	58.65	46.68	25.88	16.91	14.66
15		水二村支流			8.91	7.77	7.4	16.86	42.08	62.11	52.93	57.56	43.68	21.05	12.2	10.74
16	同乐河				127.39	112.13	100.04	150.48	320.2	502.99	463.15	514.93	435.45	265.83	180.05	154.32
17	大源水				24.1	21.69	19.82	32.31	69.08	114.74	103.14	112.95	91.21	51.54	33.77	29.17
18		三棵松水			27.06	23.51	20.23	25.22	45.65	72.43	70.23	80.7	74.38	52.62	38.94	32.89

续表

序号	干流（一级支流）	二级支流	三级支流	四级支流	1月	2月	3月	4月	5月	6月	7月	8月	9月	10月	11月	12月
19			田心村排洪渠		12.35	10.42	8.99	10.76	18.38	27.6	28.35	33.18	31.59	23.79	17.9	15.08
20			孝湖水		63.4	55.19	48.09	66.08	127.71	192.44	186.49	211.32	188.09	125.88	90.67	76.93
21				浪背水	19.53	17.16	15.38	26.67	56.62	82.21	75.84	84.07	69.66	40.7	27.68	23.72
22				上禾塘水	15.06	13.04	11.27	13.72	22.87	34.06	35.7	41.25	39.25	28.76	21.64	18.31
23	丁山河				392.79	356.59	327.64	507.12	1137.91	2060.24	1840.21	2009.27	1624.76	929.26	554.57	473.4
24		花园河			56.36	49.58	43.98	57.42	106.38	173.71	166.54	188.25	167.85	112.63	80.46	68.46
25			黄竹坑水		14.2	13.94	13.79	32.18	84.02	148.59	117.57	125.11	89.52	37.03	18.44	16.87
26			白石塘水		16.44	14.18	12.67	20.58	43.74	62.48	57.58	64.92	54.86	33.61	23.35	19.99
27			长坑水		4.95	4.71	4.64	10.57	26.66	45.32	36.55	39.49	28.22	12.38	6.6	5.92
28	黄沙河				168.79	157.17	148.07	276.34	686.34	1203.45	1030.99	1103.93	842.46	414.97	229.38	202.52

续表

序号	干流 (一级 支流)	二级 支流	三级 支流	四级 支流	1月	2月	3月	4月	5月	6月	7月	8月	9月	10月	11月	12月
29		黄沙河左支流			50.35	46.12	42.74	76.92	188.89	325.47	279.1	301.51	232.23	119.19	69.11	60.69
30	马蹄沥				15.26	14.12	13.08	22.52	50.47	86.19	78.28	84.23	65.47	34.21	21.11	18.42
31	张河沥				23.92	21.18	18.67	24.76	47.21	77.16	75.2	85.25	73.25	47.9	34.08	29.02
32	田脚水				66.82	57.85	50.64	67.7	129.61	201.94	191.15	218	194.61	130.95	94.41	80.47
33	田坑水				108.68	96.98	87.33	141.02	309.44	488.26	453.26	498.46	407.42	234.82	152.08	131.14
34		老鸦山水			5.08	4.82	4.76	11.22	29.17	49.14	39.69	42.26	30.76	13.03	6.7	6.07
35		三角楼水			19.64	17.41	16.18	31.68	73.69	111.32	97.82	106.59	83.85	43.72	27.27	23.74

5.5 流域生态需水量对比分析

下面将本研究中的河道内生态需水量计算结果与《龙岗河流域综合治理规划总报告》（中国水科院、中国市政工程西北院，2016年12月）和《深圳市龙岗河流域河流生态需水》（中国水利水电科学研究院）相关报告中的计算结果进行对比分析，讨论计算结果的合理性。

《深圳市龙岗河流域河流生态需水》首先对生态需水的内涵及概念进行了界定，认为河流生态环境需水包括4个部分：① 河道生态基流；② 保证河道蒸发需要的水量；③ 保证河道渗漏需要的水量；④ 河流自净需水量。该方法与本报告中对龙岗河流域河道内生态需水量概念的界定相同。

之后，《深圳市龙岗河流域河流生态需水》计算了河流最小生态流量和河流适宜生态流量，两者均采用Tennant法，但前者的计算取河流多年平均天然年径流量的10%，后者的枯水期（11~3月）取多年平均天然年径流量的20%，丰水期（4~10月）取多年平均天然年径流量的40%。计算出河流最小生态流量为3 339万立方米，适宜生态流量为12 477万立方米。计算结果详见表5.14和表5.15。

根据计算，龙岗河流域4~9月的径流量占全年径流量的88%以上，本报告中生态基础流量的计算采用的是枯水期（10~3月）取多年（1961年以来）月平均流量的10%，丰水期（4~9月）取多年（1961年以来）月平均流量的30%，龙岗河流域干流的生态流量为13 120万立方米。

因此，本报告生态需水量中生态基础流量的结果与《深圳市龙岗河流域河流生态需水》中较吻合，主要的差异在于计算目标，本报告着重分析河道生态基础流量，在此基础上结合自净需水和渗透需水量进行累加，《深圳市龙岗河流域河流生态需水》中主要计算河流最小生态流量和适宜生态流量，本报告中生态基础流量的计算结果位于与其两者中间平均值较为接近。

表5.14 河流最小生态流量–《深圳市龙岗河流域河流生态需水》

河流	1月	2月	3月	4月	6月	7月	8月	9月	10月	11月	12月
龙岗河	57.4	95.2	154.4	329.7	723.2	608.5	642.7	449.2	147.0	69.1	62.2
南约河	7.2	11.9	19.3	41.1	90.2	75.9	80.2	56.0	18.3	8.6	7.8
大康河	3.7	6.1	9.9	21.1	46.3	38.9	41.1	28.7	9.4	4.4	4.0
爱联河	3.0	5.0	8.1	17.2	37.8	31.8	33.6	23.5	7.7	3.6	3.2

河流	1 月	2 月	3 月	4 月	6 月	7 月	8 月	9 月	10 月	11 月	12 月
龙西河	6.5	10.8	17.6	37.5	82.3	69.2	73.1	51.1	16.7	7.9	7.1
丁山河	11.6	19.3	31.3	66.8	146.4	123.2	130.1	91.0	29.8	14.0	12.6
黄沙河	6.0	10.0	16.2	34.6	75.9	63.9	67.5	47.2	15.4	7.3	6.5
田坑水	3.0	5.0	8.1	17.2	37.8	31.8	33.6	23.5	7.7	3.6	3.2
田脚水	1.7	2.8	4.6	9.8	21.5	18.1	19.1	13.4	4.4	2.1	1.8
同乐河	4.3	7.2	11.7	25.0	54.8	46.1	48.7	34.0	11.1	5.2	4.7
回龙河	2.1	3.5	5.7	12.3	26.9	22.7	23.9	16.7	5.5	2.6	2.3

表 5.15　河流适宜生态流量–《深圳市龙岗河流域河流生态需水》

河流	1 月	2 月	3 月	4 月	6 月	7 月	8 月	9 月	10 月	11 月	12 月
龙岗河	114.8	190.4	308.7	1 319.0	2 892.8	2 433.9	2 570.7	1 796.8	588.0	138.1	124.3
南约河	14.3	23.8	38.5	164.5	360.9	303.6	320.7	224.1	73.4	17.2	15.5
大康河	7.3	12.2	19.8	84.4	185.1	155.8	164.5	115.0	37.6	8.8	8.0
爱联河	6.0	9.9	16.1	68.9	151.1	127.2	134.3	93.9	30.7	7.2	6.5
龙西河	13.1	21.7	35.1	150.0	329.1	276.9	292.4	204.4	66.9	15.7	14.1
丁山河	23.2	38.6	62.5	267.1	585.8	492.9	520.6	363.8	119.1	28.0	25.2
黄沙河	12.1	20.0	32.4	138.5	303.7	255.6	269.9	188.7	61.7	14.5	13.1
田坑水	6.0	9.9	16.1	68.9	151.1	127.2	134.3	93.9	30.7	7.2	6.5
田脚水	3.4	5.7	9.2	39.2	86.1	72.4	76.5	53.5	17.5	4.1	3.7
同乐河	8.7	14.4	23.4	99.9	219.1	184.4	194.7	136.1	44.5	10.5	9.4
回龙河	4.3	7.1	11.5	49.1	107.8	90.7	95.8	66.9	21.9	5.1	4.6

　　《龙岗河流域综合治理规划总报告》(中国水科院、中国市政工程西北院，2016 年 12 月)中仅有 4.1 一小章节介绍和展示了流域生态需水量的计算结果，且对龙岗河干流分为上、中、下游三个节点进行计算，计算方法为"参照南京水利科学研究院《坪山河流域水资源利用调控与水动力水质模型研究》相关成果，及其他学者对深圳市宝安区的生态环境需水研究成果，根据龙岗河流域情况，综合 7Q10 法、Tennant 法等多种方法计算结果的外包线作为最小生态环境需水量，在此基础上采用多年平均径流的 30%(枯水期)、40%(丰水期)作为适宜河道生态环境需水量"，计算的结果表明，龙岗河流域下游最小生态需水量为 2 995 万立方米，适宜生态需水量

为12 726万立方米，与《深圳市龙岗河流域河流生态需水》类似，与本报告5.2.1小节（不考虑水质的生态需水量计算情景）的计算结果相吻合，计算差异主要来源于枯水期和丰水期的多年平均径流百分比取值的不同上。

第6章 流域多源生态水量调控调蓄技术方案研究

6.1 基础条件设置

6.1.1 补水水源

（1）雨水滞留塘

雨水滞留塘布设在龙岗河流域非建成区，用地类型为水域用地且离河流的距离应尽可能小的区域，根据龙岗河流域地形地貌、用地权限及功能，在龙岗河流域共布置21座雨水滞留塘，用于补充地表径流，枯水期10月～次年3月六个月合计可补水量约128万吨，折合21.3万吨/月。

（2）非供水山塘水库

龙岗河流域可供补水的非供水小水库23座，非供水山塘1座，其可利用补水水量按照兴利库容进行计算，即补水量为正常库容减去死库容的量，约789.0万吨/年，即枯水期131.5万吨/月，各山塘水库详细信息见前文。

（3）水质净化厂尾水

龙岗河流域可供补水的水质净化厂共6座，设计处理规模91万吨/日，各水质净化厂正进行提标改造，2019年12月各厂出水将陆续提标至地表水Ⅳ类或准Ⅴ类（TN除外），提标过程不减水量，不降低排放标准。

根据地表水Ⅴ类标准中氨氮、总磷限值（2毫克/升、0.4毫克/升）评价，6座水质净化厂，枯水期可补水量约1 892万吨/月（63万吨/日），其中2018年12月出水水质较差，可补水量仅有1 691万吨/月（54.5万吨/日）。

（4）其他水源

为保证龙岗河流域各河道有足够的补水水源，本方案在不影响正常供水与防洪的前提下，提出将部分供水水库纳入补水水源，其中包括大康河流域的铜锣径水库,可补水量200～1 000吨/日;丁山河流域的黄竹坑水库,可补水量200～1 000吨/日,长坑水库,可补水量100～300吨/日;白石塘水库,可补水量200～1 000吨/日。4座供水水库枯水期合计可补水量为9.9万吨/月。

综上所述,由前述分析可知,雨水滞留塘枯水期可提供补水量最低,仅为21.3万吨/月,占比约1%;24座非供水山塘水库与4座供水水库合计枯水期可提供补水量为141.4万吨/月,占比约7%;6座水质净化厂枯水期可提供补水量约为1 892万吨/月,占比约92%。因此,制定补水方案时,考虑以山塘水库、水质净化厂作为主要的补水水源,而将雨水滞留塘作为研究性质的补水水源。

6.1.2 补水时间

深圳市降丰水期节性分布十分明显,干湿季分明,降雨主要集中在丰水期(4～9月),平均雨量达1 654.2毫米,约占全年雨量的85%,而从12月至次年2月降水量较少,基本无降水,属于枯水期,此时河流无天然径流补充,水质相对较差,而本研究的主要目标之一即是保证枯水期龙岗河流域河流有足够的生态水量,因此补水实现集中在枯水期,即10月、11月、12月以及次年的1月、2月、3月。

6.1.3 技术路线

以龙岗河流域生态环境需水量为主要目标,制定多源生态水量动态调控调蓄技术方案,具体技术路线如图6.1所示。

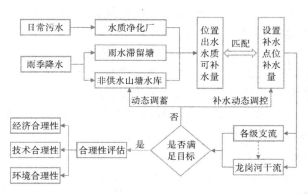

图6.1 技术路线图

　　首先，在每年的4～9月，以丰水期的大量降水作为山塘水库补给水源，补充雨水滞留塘及非供水山塘水库至最大库容，水质净化厂则常年处理流域内的污水，务必保证其出水达到补水要求；其次，根据雨水滞留塘、非供水山塘水库以及水质净化厂的位置、出水水质、可补水量等，按照就近补水、工程经济为原则，科学设置龙岗河干支流上的补水点位与补水量，补水时间则按合同要求贯穿于10月～翌年3月整个枯水期；最后，通过建立的流域水量平衡模型，模拟干支流补水效果，如果满足补水要求，则从经济、技术、环境等角度对方案进行合理性评估，如果补水效果不能满足要求，则对丰水期山塘水库动态调蓄方案进行调整，同时对设置的补水点位及补水量进行校正，直至满足河道补水要求。

6.2　管理阶段及方案设计

　　近年来，随着龙岗河流域各类整治工程的推进，龙岗河流域的水环境也发生了较大变化，相应地，此时期的水环境管理也可划分为三个不同的阶段。

　　1）治污起步阶段。2015年，《国务院关于印发水污染防治行动计划的通知》（国发〔2015〕17号）即"水十条"正式发布，在全国范围内开启了水污染治理的序幕。在此背景下，深圳市也开始对全市水污染进行通盘考虑，制定了相应的宏观规划和微观措施，深圳新一轮的水污染治理工作正式起步。根据起步阶段的河流水质和水环境现状，本研究开展相应的多源生态水量动态调控调蓄研究，将2015年的水质数据作为水质本底值，以Ⅴ类水功能目标景观水作为期望值，由此进行生态需水量核算和补水测算，其中生态需水量对应前述情景1。

　　2）全面治污阶段。经过三年的水污染治理工程建设，深圳市各主要河流2018年的水质较2015年均有所改善，龙岗河无论从景观还是水质都有了较为明显的好转。因此根据本阶段的管理需要，以现状年2018年的水质数据为基础，以深圳市计划年底实现的Ⅴ类水功能目标作为目标值，由此进行生态需水量核算和补水测算，其中生态需水量对应前述情景2。

　　3）生态重建阶段。按照现有的治理工程进度，预计2020年前后龙岗河水质能够稳定达到Ⅴ类，基于此假设，将重建健康流域水生态系统作为水量调控目标，选取Ⅳ类水作为水质期望值，由此进行态需水量核算和补水测算，其中生态需水量对应前述情景4。

各阶段本底水质与目标水质选取见表6.1。

表 6.1　龙岗河补水阶段设计

管理阶段	水质本底值	水质目标	备注
治污起步阶段	2015 年水质数据	V 类水标准	对应 5.2 节生态需水量计算中的情景 1
全面治污阶段	2018 年水质数据	V 类水标准	对应 5.2 节生态需水量计算中的情景 2
生态重建阶段	2020 年 V 类水质	IV 类水标准	对应 5.2 节生态需水量计算中的情景 4

6.2.1　治污起步阶段（对应前述情景1）

（1）方案设计

本方案基于2015年水质情况和V类水质目标进行生态环境需水量核算，即前述章节计算出的龙岗河主要干支流在情景1下的生态环境需水量。由于各条河流各个月份的需水量是不同的，因此本方案以不同月份的生态环境需水量大小为依据，以前述21座雨水滞留塘、24座非供水山塘小水库、4座供水水库、6座水质净化厂尾水为补水水源，在可利用补水总量不变的前提下，对各月的补水流量进行相应调整。补水路径方面，以就近补水为原则，尽量利用已有补水管道，减少或避免大型工程建设（图6.2、图6.3）。

本方案各补水水源、补给河流及枯水期各月补给水量见表6.2。

表 6.2　治污起步阶段补水方案设计

水源	名称	直接补水河流	补水时间 / 补水量（万吨 / 月）					
			10 月	11 月	12 月	1 月	2 月	3 月
雨水滞留塘	1 号滞留塘	杶梓河（黄沙河左支流）	0.16	0.09	0.08	0.09	0.07	0.13
	2 号滞留塘	简龙河	0.37	0.22	0.18	0.21	0.15	0.31
	3 号滞留塘	龙岗河干流	0.13	0.07	0.06	0.07	0.05	0.11
	4 号滞留塘	龙岗河干流	0.07	0.04	0.03	0.04	0.03	0.06
	5 号滞留塘	田坑水	0.22	0.13	0.11	0.13	0.09	0.18
	6 号滞留塘	花园河左二支流	0.22	0.130	0.11	0.13	0.09	0.18
	7 号滞留塘	花园河左二支流	1.67	0.98	0.83	0.96	0.69	1.38
	8 号滞留塘	杶梓河（黄沙河左支流）	0.71	0.42	0.35	0.41	0.30	0.59

水源	名称	直接补水河流	补水时间 / 补水量（万吨 / 月）					
			10 月	11 月	12 月	1 月	2 月	3 月
雨水滞留塘	1 号滞留塘	枕梓河（黄沙河左支流）	0.16	0.09	0.08	0.09	0.07	0.13
	2 号滞留塘	简龙河	0.37	0.22	0.18	0.21	0.15	0.31
	3 号滞留塘	龙岗河干流	0.13	0.07	0.06	0.07	0.05	0.11
	4 号滞留塘	龙岗河干流	0.07	0.04	0.03	0.04	0.03	0.06
	5 号滞留塘	田坑水	0.22	0.13	0.11	0.13	0.09	0.18
	6 号滞留塘	花园河左二支流	0.22	0.13	0.11	0.13	0.09	0.18
	7 号滞留塘	花园河左二支流	1.67	0.98	0.83	0.96	0.69	1.38
	8 号滞留塘	枕梓河（黄沙河左支流）	0.71	0.42	0.35	0.41	0.30	0.59
	9 号滞留塘	马蹄沥	4.14	2.44	2.06	2.39	1.73	3.43
	10 号滞留塘	龙岗河干流	2.29	1.35	1.14	1.32	0.95	1.90
	11 号滞留塘	田脚水	0.78	0.46	0.39	0.45	0.33	0.65
	12 号滞留塘	田脚水	1.32	0.77	0.65	0.76	0.55	1.09
	13 号滞留塘	田脚水	1.67	0.98	0.83	0.96	0.64	1.38
	14 号滞留塘	田坑水	1.54	0.90	0.76	0.89	0.64	1.27
	15 号滞留塘	田坑水	1.97	1.16	0.98	1.14	0.82	1.63
	16 号滞留塘	茅湖水	3.07	1.80	1.52	1.77	1.28	2.54
	17 号滞留塘	上禾塘水	2.19	1.29	1.09	1.26	0.91	1.81
	18 号滞留塘	田心排水渠	0.49	0.29	0.24	0.28	0.20	0.40
	19 号滞留塘	同乐河	6.92	4.07	3.43	3.99	2.88	5.73
	20 号滞留塘	大原水	0.94	0.55	0.46	0.54	0.39	0.77
	21 号滞留塘	同乐河	2.03	1.20	1.01	1.17	0.85	1.68
		小计 1	32.88	19.33	16.32	18.96	13.69	27.24
非供水山塘水库	沙背坜水库	沙背坜水	14.8	10.7	8.2	18.9	14.0	15.6
	三棵松水库	三棵松水	18.1	13.1	10.1	23.2	17.1	19.2
	石桥坜水库	三角楼水	26.6	19.2	14.8	33.9	25.1	28.0
	石寮水库	水二村支流	2.7	2.0	1.5	3.5	2.6	2.9
	上禾塘水库	上禾塘水	4.1	3.0	2.3	5.2	3.9	4.3
	新生水库	龙岗河干流	2.6	1.9	1.4	3.3	2.4	2.7
	茅湖水库	茅湖水	8.5	6.2	4.7	10.9	8.1	9.0
	田祖上水库	龙岗河干流	1.1	0.8	0.6	1.4	1.0	1.1

续表

水源	名称	直接补水河流	补水时间 / 补水量（万吨 / 月）					
			10 月	11 月	12 月	1 月	2 月	3 月
非供水山塘水库	三坑水库	三坑水	5.4	3.9	3.0	6.9	5.1	5.7
	上輋水库	上輋水	6.4	4.6	3.5	8.1	6.0	6.7
	石豹水库	石豹水	2.5	1.8	1.4	3.2	2.3	2.6
	花鼓坪水库	花鼓坪水	0.5	0.4	0.3	0.7	0.5	0.6
	塘外口水库	田坑水	5.8	4.2	3.2	7.5	5.5	6.2
	鸡笼山水库	田脚水	6.6	4.8	3.7	8.4	6.2	7.0
	老虎圻水库	大康河	0.1	0.1	0.1	0.1	0.1	0.1
	余屋上山塘	龙岗河干流	1.6	1.2	0.9	2.1	1.5	1.7
	小计 2		142.0	102.6	78.9	181.5	134.1	149.9
供水水库	铜锣径水库	大康河	3.2	2.3	1.8	4.1	3.1	3.4
	黄竹坑水库	丁山河	3.2	2.3	1.8	4.1	3.1	3.4
	长坑水库	丁山河	1.0	0.7	0.5	1.2	0.9	1.0
	白石塘水库	丁山河	3.2	2.3	1.8	4.1	3.1	3.4
	小计 3		10.7	7.7	5.9	13.7	10.1	11.3
水质净化厂尾水	横岗一期	龙岗河干流	325.6	235.2	180.9	416.1	307.5	343.7
		南约河	69.5	50.2	38.6	88.8	65.6	73.3
	横岗二期	大康河	83.3	60.2	46.3	106.5	78.7	88.0
		龙岗河干流	124.0	89.6	68.9	158.5	117.1	130.9
		龙岗河干流	1 283.2	926.8	712.9	1 639.7	1 211.9	1 354.5
	横岭一期 横岭二期	花园河西湖苑-丁山河	121.2	87.5	67.3	154.9	114.5	127.9
		东部电厂-龙岗河干流	7.7	5.6	4.3	9.9	7.3	8.2
	龙田	龙岗河干流	121.1	87.5	67.3	154.8	114.4	127.9
	沙田	龙岗河干流	41.9	30.3	23.3	53.6	39.6	44.3
	高桥片区污水资源化工程	低碳城人工湖-丁山河	16.0	11.6	8.9	20.5	15.1	16.9
	小计 4		2 193.7	1 584.4	1 218.7	2 803.1	2 071.9	2 315.6
	合计		2 379.3	1 714.0	1 319.9	3 017.2	2 229.8	2 504.0

高度集约化开发区多源生态水量调控技术研究与工程示范

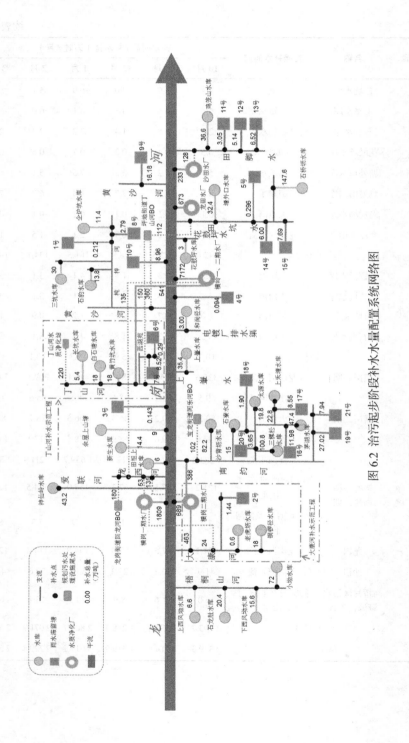

图 6.2 治污起步阶段补水水量配置系统网络图

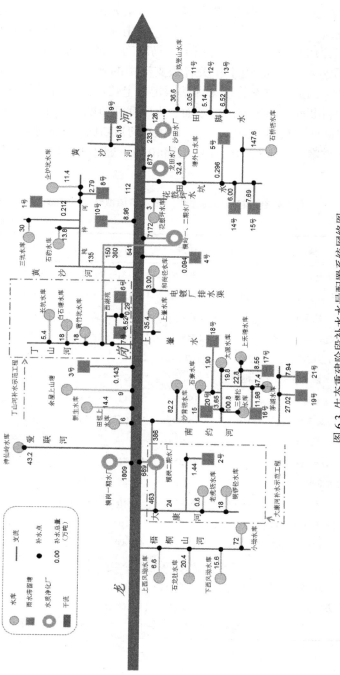

图 6.3　生态重建阶段补水水量配置系统网络图

（2）效果评估

评估河流断面：根据前述生态环境需水量分析，本研究选取龙岗河干流、一级支流大康河、龙西河、南约河、丁山河、黄沙河、田坑水、田脚水作为模拟评估对象（爱联河为暗河，马蹄沥、张河沥大部分位于惠州境内，因此不纳入评估），由于相关各级支流中的补水最终也会汇集到干流与一级支流，因此本方案将效果评估限定在上述河流的河口断面位置，即龙岗河西湖村断面、南约河河口断面、大康河河口断面、龙西河河口断面、丁山河河口断面、黄沙河河口断面、田坑水河口断面、田脚水河口断面。

本补水方案下，上述河流在枯水期10月～翌年3月的水量模拟结果如表6.3所示。

表 6.3 治污起步阶段主要河流水量模拟结果汇总表

单位：万吨/月

河流名称	项目	10 月	11 月	12 月	1 月	2 月	3 月
龙岗河	生态环境需水量	3 880.14	1 806.70	3 030.81	1 642.09	4 220.30	1 247.23
	方案模拟流量	5 284.46	3 950.86	4 548.90	5 548.33	4 425.61	3 903.81
	缺水量	1 404.32	2 144.16	1 518.09	3 906.24	205.31	2 656.58
大康河	生态环境需水量	4 127.81	2 748.56	2 331.18	1 151.58	971.78	862.98
	方案模拟流量	297.69	207.16	211.48	233.96	171.26	139.49
	缺水量	−3 830.12	−2 541.40	−2 119.70	−917.62	−800.52	−723.49
龙西河	生态环境需水量	432.49	369.78	673.42	234.48	155.66	577.98
	方案模拟流量	319.05	163.64	152.08	127.14	104.69	112.78
	缺水量	−113.44	−206.14	−521.34	−107.34	−50.97	−465.20
南约河	生态环境需水量	1 004.37	271.09	407.41	4 310.06	288.75	654.71
	方案模拟流量	502.45	340.49	343.55	366.45	277.38	234.32
	缺水量	−501.92	69.40	−63.86	−3 943.61	−11.37	−420.39
丁山河	生态环境需水量	1 619.10	2 911.01	4 152.67	3 086.75	1 323.24	2 099.92
	方案模拟流量	786.19	478.31	457.43	450.50	352.52	319.52
	缺水量	−832.91	−2 432.70	−3 695.24	−2 636.25	−970.72	−1 780.40
黄沙河	生态环境需水量	1 148.84	1 189.15	1 470.89	936.99	339.94	382.39
	方案模拟流量	320.70	172.14	157.68	132.82	111.38	115.27
	缺水量	−828.14	−1 017.01	−1 313.21	−804.17	−228.56	−267.12

续表

河流名称	项目	10月	11月	12月	1月	2月	3月
田脚水	生态环境需水量	112.48	82.11	84.38	59.10	47.98	39.80
	方案模拟流量	103.83	73.39	66.84	59.96	46.27	42.63
	缺水量	−8.65	−8.72	−17.54	0.86	−1.71	2.83
田坑水	生态环境需水量	259.20	204.13	103.91	128.32	122.03	72.39
	方案模拟流量	203.06	133.53	129.78	129.54	99.83	88.12
	缺水量	−56.14	−70.60	25.87	1.22	−22.20	15.73

备注：浅灰色标记为达到生态环境需水量要求，灰色为未达到生态环境需水量要求。

为了能够对方案进行整体评估，本研究引入生态环境需水达标率的概念，定义为

$$达标率 = \frac{\sum_1^n 考察期月次}{\sum_1^n 水量达标月次}$$

根据上式进行计算，本方案累计考察河流月次为48次（8条河×6次/条），达到生态环境需水量月次累计仅为12次，即生态环境需水量达标率为25%。

进一步分析由模拟结果可知，在2015年治污起步阶段，调动所有补水水源的补水量后，仅有龙岗河干流枯水期可以达到生态环境需水量要求，此外，南约河11月、田脚水1月、3月，田坑水12月、1月、3月也可达到生态环境需水量要求，而其他主要一级支流几乎不能达到所需水量要求。

经过各一级支流各月的缺水量分析可知，龙岗河流域总体水量缺口巨大，每月合计缺水量6000多万吨/月，是可利用补水总量的3倍多。可见，在2015年治污起步阶段，由于河流水质较差，单纯依靠补水无法满足其生态环境需水量要求。

6.2.2 全面治污阶段（对应前述情景2）

（1）方案设计

全面治污阶段基于2018年水质现状和Ⅴ类水质目标进行生态环境需水量核算。同样地，本补水方案同样为全补水方案，将所有现状可用的补水水源都纳入进来，根据本情景下不同月份的生态环境需水量大小，对各月

补水水量重新进行调配。

本方案下各补水水源及枯水期各月补给水量见表6.4。

表6.4 全面治污阶段补水方案设计

水源	名称	直接补水河流	补水时间 / 补水量（万吨 / 月）					
			10 月	11 月	12 月	1 月	2 月	3 月
雨水滞留塘	9 号滞留塘	马蹄沥	4.14	2.44	2.06	2.39	1.73	3.43
	10 号滞留塘	龙岗河干流	2.29	1.35	1.14	1.32	0.95	1.90
	11 号滞留塘	田脚水	0.78	0.46	0.39	0.45	0.33	0.65
	12 号滞留塘	田脚水	1.32	0.77	0.65	0.76	0.55	1.09
	13 号滞留塘	田脚水	1.67	0.98	0.83	0.96	0.69	1.38
	14 号滞留塘	田坑水	1.54	0.90	0.76	0.89	0.64	1.27
	15 号滞留塘	田坑水	1.97	1.16	0.98	1.14	0.82	1.63
	16 号滞留塘	茅湖水	3.07	1.80	1.52	1.77	1.28	2.54
	17 号滞留塘	上禾塘水	2.19	1.29	1.09	1.26	0.91	1.81
	18 号滞留塘	田心排水渠	0.49	0.29	0.24	0.28	0.20	0.40
	19 号滞留塘	同乐河	6.92	4.07	3.43	3.99	2.88	5.73
	20 号滞留塘	大原水	0.94	0.55	0.46	0.54	0.39	0.77
	21 号滞留塘	同乐河	2.03	1.20	1.01	1.17	0.85	1.68
	小计 1		32.88	19.33	16.32	18.96	13.69	27.24
非供水山塘水库	沙背坜水库	沙背坜水	14.8	10.7	8.2	18.9	14.0	15.6
	三棵松水库	三棵松水	18.1	13.1	10.1	23.2	17.1	19.2
	石桥坜水库	三角楼水	26.6	19.2	14.8	33.9	25.1	28.0
	石寮水库	水二村支流	2.7	2.0	1.5	3.5	2.6	2.9
	上禾塘水库	上禾塘水	4.1	3.0	2.3	5.2	3.9	4.3
	新生水库	龙岗河干流	2.6	1.9	1.4	3.3	2.4	2.7
	茅湖水库	茅湖水	8.5	6.2	4.7	10.9	8.1	9.0
	田祖上水库	龙岗河干流	1.1	0.8	0.6	1.4	1.0	1.1
	太源水库	大原水	3.6	2.6	2.0	4.6	3.4	3.8
	神仙岭水库	爱联河	7.8	5.6	4.3	9.9	7.3	8.2
	小坳水库	梧桐山河（龙岗）	13.0	9.4	7.2	16.6	12.2	13.7
	石龙肚水库	梧桐山河（龙岗）	3.7	2.7	2.0	4.7	3.5	3.9
	上西风坳水库	梧桐山河（龙岗）	1.2	0.9	0.7	1.5	1.1	1.3
	下西风坳水库	梧桐山河（龙岗）	2.8	2.0	1.6	3.6	2.7	3.0

续表

水源	名称	直接补水河流	补水时间/补水量（万吨/月）					
			10月	11月	12月	1月	2月	3月
非供水山塘水库	和尚径水库	电镀厂排水渠	0.5	0.4	0.3	0.7	0.5	0.6
	企炉坑水库	杧梓河（黄沙河左支流）	2.1	1.5	1.1	2.6	1.9	2.2
	三坑水库	三坑水	5.4	3.9	3.0	6.9	5.1	5.7
	上輋水库	上輋水	6.4	4.6	3.5	8.1	6.0	6.7
	石豹水库	石豹水	2.5	1.8	1.4	3.2	2.3	2.6
	花鼓坪水库	花鼓坪水	0.5	0.4	0.3	0.7	0.5	0.6
	塘外口水库	田坑水	5.8	4.2	3.2	7.5	5.5	6.2
	鸡笼山水库	田脚水	6.6	4.8	3.7	8.4	6.2	7.0
	老虎圻水库	大康河	0.1	0.1	0.1	0.1	0.1	0.1
	余屋上山塘	龙岗河干流	1.6	1.2	0.9	2.1	1.5	1.7
	小计2		142.0	102.6	78.9	181.5	134.1	149.9
供水水库	铜锣径水库	大康河	3.2	2.3	1.8	4.1	3.1	3.4
	黄竹坑水库	丁山河	3.2	2.3	1.8	4.1	3.1	3.4
	长坑水库	丁山河	1.0	0.7	0.5	1.2	0.9	1.0
	白石塘水库	丁山河	3.2	2.3	1.8	4.1	3.1	3.4
	小计3		10.7	7.7	5.9	13.7	10.1	11.3
水质净化厂尾水	横岗一期	龙岗河干流	325.6	235.2	180.9	416.1	307.5	343.7
		南约河	69.5	50.2	38.6	88.8	65.6	73.3
	横岗二期	大康河	83.3	60.0	46.3	106.5	78.7	88.0
		龙岗河干流	124.0	89.6	68.9	158.5	117.1	130.9
		龙岗河干流	1283.2	926.8	712.9	1639.7	1211.9	1354.5
	横岭一期横岭二期	花园河西湖苑-丁山河	121.2	87.5	67.3	154.9	114.5	127.9
		东部电厂-龙岗河干流	7.7	5.6	4.3	9.9	7.3	8.2
	龙田	龙岗河干流	121.1	87.5	67.3	154.8	114.4	127.9
	沙田	龙岗河干流	41.9	30.3	23.3	53.6	39.6	44.3
	高桥片区污水资源化工程	低碳城人工湖-丁山河	16.0	11.6	8.9	20.5	15.1	16.9
	小计4		2193.7	1584.4	1218.7	2803.1	2071.9	2315.6
	合计		2379.3	1714.0	1319.9	3017.2	2229.8	2504.0

（2）效果评估

在本补水方案下，上述河流在枯水期10月～翌年3月的水量模拟结果如表6.5所示。

表 6.5 治污起步阶段主要河流水量模拟结果汇总表

单位：万吨/月

河流名称	项目	10 月	11 月	12 月	1 月	2 月	3 月
龙岗河	生态环境需水量	1 583.82	1 429.76	807.25	639.21	945.18	800.95
	方案模拟流量	5 284.46	3 950.86	4 548.90	5 548.33	4 425.61	3 903.81
	缺水量	3 700.64	2 521.10	3 741.65	4 909.12	3 480.43	3 102.86
大康河	生态环境需水量	488.81	99.13	201.20	560.38	472.76	419.94
	方案模拟流量	297.69	207.16	211.48	233.96	171.26	139.49
	缺水量	−191.12	108.03	10.28	−326.42	−301.50	−280.45
龙西河	生态环境需水量	77.42	31.05	37.63	139.12	21.62	11.54
	方案模拟流量	319.05	163.64	152.08	127.14	104.69	112.78
	缺水量	241.63	132.59	114.45	−11.98	83.07	101.24
南约河	生态环境需水量	348.80	143.89	268.51	285.38	213.50	38.01
	方案模拟流量	502.45	340.49	343.55	366.45	277.38	234.32
	缺水量	153.65	196.60	75.04	81.07	63.88	196.31
丁山河	生态环境需水量	9 779.57	3 167.56	3 622.93	7 758.18	6 824.28	3 195.62
	方案模拟流量	786.19	478.31	457.43	450.50	352.52	319.52
	缺水量	−8 993.38	−2 689.25	−3 165.50	−7 307.68	−6 471.76	−2 876.10
黄沙河	生态环境需水量	1 070.10	716.23	1 037.64	1 122.24	814.52	750.40
	方案模拟流量	320.70	172.14	157.68	132.82	111.38	115.27
	缺水量	−749.40	−544.09	−879.96	−989.42	−703.14	−635.13
田脚水	生态环境需水量	285.86	45.58	128.70	38.39	45.86	21.71
	方案模拟流量	103.83	73.39	66.84	59.96	46.27	42.63
	缺水量	−182.03	27.81	−61.86	21.57	0.41	20.92
田坑水	生态环境需水量	962.16	89.81	48.65	36.33	23.38	67.91
	方案模拟流量	203.06	133.53	129.78	129.54	99.83	88.12
	缺水量	−759.10	43.72	81.13	93.21	76.45	20.21

注：浅灰色标记为达到生态环境需水量要求，灰色为未达到生态环境需水量要求。

由模拟结果可知，在全面治污阶段，调动所有补水水源的补水量后，可达标的河流月次达到28个，生态环境需水量达标率为78%。难以达标的河流月份为大康河10月、1~3月，龙西河1月，丁山河、黄沙河全部枯水期6个月，田脚水10月、12月，田坑水10月。

同样对各一级支流的缺水量进行分析，各主要一级支流总体水量缺口巨大，缺水量最大的月份为1月，缺水量高达10 000多万吨/月，是可利用补水总量的5倍多。究其原因，主要在于丁山河2018年生态环境需水量猛增，高达近9 000万吨/月。综上可知，在全面治污阶段，单纯依靠补水也无法满足其生态环境需水量要求。

6.2.3　生态重建阶段（对应前述情景4）

由前面两个阶段的分析结果可知，在水污染未得到彻底治理，河流尚未消除劣V类水质的情况下，进行补水是解决不了生态基流匮乏的问题的。因此生态重建阶段的补水管理基于龙岗河2020年水质达到V类的假设，以重建健康流域水生态系统作为水量调控目标，选取IV类水作为水质目标值，由此进行态需水量核算和补水方案设计。

（1）方案设计

根据2020年V类水质假设和IV类水质目标进行生态环境需水量核算，利用现状所有补水水源和规划补水水源，科学设置全补水方案，根据本情景下不同月份的生态环境需水量大小，对各月补水水量重新进行调配。

本方案各补水水源及枯水期各月补给水量见表6.6。

表6.6　生态链阶段补水方案设计

水源	名称	直接补水河流	补水时间/补水量（万吨/月）					
			10月	11月	12月	1月	2月	3月
雨水滞留塘	1号滞留塘	枕梓河（黄沙河左支流）	0.16	0.09	0.08	0.09	0.07	0.13
	2号滞留塘	简龙河	0.37	0.22	0.18	0.21	0.15	0.31
	3号滞留塘	龙岗河干流	0.13	0.07	0.06	0.07	0.05	0.11
	4号滞留塘	龙岗河干流	0.07	0.04	0.03	0.04	0.03	0.06
	5号滞留塘	田坑水	0.22	0.13	0.11	0.13	0.09	0.18
	6号滞留塘	花园河左二支流	0.22	0.13	0.11	0.13	0.09	0.18
	7号滞留塘	花园河左二支流	1.67	0.98	0.83	0.96	0.69	1.38
	8号滞留塘	枕梓河（黄沙河左支流）	0.71	0.42	0.35	0.41	0.30	0.59

续表

水源	名称	直接补水河流	补水时间/补水量（万吨/月）					
			10 月	11 月	12 月	1 月	2 月	3 月
雨水滞留塘	9 号滞留塘	马蹄沥	4.14	2.44	2.06	2.39	1.73	3.43
	10 号滞留塘	龙岗河干流	2.29	1.35	1.14	1.32	0.95	1.90
	11 号滞留塘	田脚水	0.78	0.46	0.39	0.45	0.33	0.65
	12 号滞留塘	田脚水	1.32	0.77	0.65	0.76	0.55	1.09
	13 号滞留塘	田脚水	1.67	0.98	0.83	0.96	0.69	1.38
	14 号滞留塘	田坑水	1.54	0.90	0.76	0.89	0.64	1.27
	15 号滞留塘	田坑水	1.97	1.16	0.98	1.14	0.82	1.63
	16 号滞留塘	茅湖水	3.07	1.80	1.52	1.77	1.28	2.54
	17 号滞留塘	上禾塘水	2.19	1.29	1.09	1.26	0.91	1.81
	18 号滞留塘	田心排水渠	0.49	0.29	0.24	0.28	0.20	0.40
	19 号滞留塘	同乐河	6.92	4.07	3.43	3.99	2.88	5.73
	20 号滞留塘	大原水	0.94	0.55	0.46	0.54	0.39	0.77
	21 号滞留塘	同乐河	2.03	1.20	1.01	1.17	0.85	1.68
	小计 1		32.88	19.33	16.32	18.96	13.69	27.24
非供水山塘水库	沙背坜水库	沙背坜水	11.5	10.0	13.9	21.5	15.2	10.0
	三棵松水库	三棵松水	14.1	12.3	17.0	26.4	18.6	12.3
	石桥坜水库	三角楼水	20.7	18.0	24.9	38.7	27.3	18.0
	石寮水库	水二村支流	2.1	1.8	2.5	3.9	2.8	1.8
	上禾塘水库	上禾塘水	3.2	2.8	3.9	6.0	4.2	2.8
	新生水库	龙岗河干流	2.0	1.8	2.4	3.8	2.7	1.8
	茅湖水库	茅湖水	6.6	5.8	8.0	12.4	8.8	5.8
	田祖上水库	龙岗河干流	0.8	0.7	1.0	1.6	1.1	0.7
	太源水库	大原水	2.8	2.4	3.3	5.2	3.7	2.4
	神仙岭水库	爱联河	6.0	5.3	7.3	11.3	8.0	5.3
	小坳水库	梧桐山河（龙岗）	10.1	8.8	12.2	18.9	13.3	8.8
	石龙肚水库	梧桐山河（龙岗）	2.9	2.5	3.4	5.3	3.8	2.5
	上西风坳水库	梧桐山河（龙岗）	0.9	0.8	1.1	1.7	1.2	0.8
	下西风坳水库	梧桐山河（龙岗）	2.2	1.9	2.6	4.1	2.9	1.9
	和尚径水库	电镀厂排水渠	0.4	0.4	0.5	0.8	0.6	0.4
	企炉坑水库	枊梓河	1.6	1.4	1.9	3.0	2.1	1.4

续表

水源	名称	直接补水河流	补水时间 / 补水量（万吨 / 月）					
			10 月	11 月	12 月	1 月	2 月	3 月
非供水山塘水库	三坑水库	三坑水	4.2	3.7	5.1	7.9	5.6	3.7
	上輋水库	上輋水	5.0	4.3	6.0	9.3	6.5	4.3
	石豹水库	石豹水	1.9	1.7	2.3	3.6	2.6	1.7
	花鼓坪水库	花鼓坪水	0.4	0.4	0.5	0.8	0.6	0.4
	塘外口水库	田坑水	4.5	4.0	5.5	8.5	6.0	4.0
	鸡笼山水库	田脚水	5.1	4.5	6.2	9.6	6.8	4.5
	老虎坜水库	大康河	0.1	0.1	0.1	0.2	0.1	0.1
	余屋上山塘	龙岗河干流	1.3	1.1	1.5	2.4	1.7	1.1
	小计2		110.5	96.3	133.3	206.7	146.0	96.3
供水水库	铜锣径水库	大康河	2.5	2.2	3.0	4.7	3.3	2.2
	黄竹坑水库	丁山河	2.5	2.2	3.0	4.7	3.3	2.2
	长坑水库	丁山河	0.8	0.7	0.9	1.4	1.0	0.7
	白石塘水库	丁山河	2.5	2.2	3.0	4.7	3.3	2.2
	小计3		8.3	7.2	10.0	15.6	11.0	7.2
水质净化厂尾水	横岗一期	龙岗河干流	253.3	220.7	305.7	474.0	334.7	220.7
		南约河	54.0	47.1	65.2	101.1	71.4	47.1
	横岗二期	大康河	64.8	56.5	78.2	121.3	85.7	56.5
		龙岗河干流	96.5	84.1	116.4	180.5	127.5	84.1
		龙岗河干流	998.1	869.7	1 204.8	1 867.8	1 318.9	869.7
	横岭一期横岭二期	花园河西湖苑-丁山河	94.3	82.2	113.8	176.4	124.6	82.2
		东部电厂-龙岗河干流	6.0	5.2	7.3	11.3	8.0	5.2
	龙田	龙岗河干流	94.2	82.1	113.7	176.3	124.5	82.1
	沙田	龙岗河干流	32.6	28.4	39.4	61.0	43.1	28.4
	高桥片区污水资源化工程	低碳城人工湖-丁山河	12.5	10.9	15.0	23.3	16.5	10.9
	小计4		1 706.2	1 486.9	2 059.7	3 193.1	2 254.7	1 486.9
规划污水处理设施尾水	横岗一期扩建	大康河	10.0	5.0	2.0	2.0	2.0	3.0
		龙西河	10.0	10.0	10.0	8.0	10.0	5.0
	龙岗街道回龙河 BO	回龙河-龙西河	30.0	30.0	30.0	30.0	30.0	30.0

水源	名称	直接补水河流	补水时间 / 补水量（万吨 / 月）					
			10 月	11 月	12 月	1 月	2 月	3 月
规划污水处理设施尾水	横岭二期扩建	龙西河	70.0	25.0	10.0	10.0	10.0	10.0
	宝龙街道同乐河 BO	南约河	60.0	20.0	7.0	3.0	5.0	7.0
	丁山河水质净化站	丁山河	75.0	75.0	35.0	10.0	10.0	15.0
	坪地街道丁山河 BO	丁山河	100.0	10.0	10.0	10.0	10.0	10.0
		黄沙河	110.0	70.0	50.0	40.0	50.0	40.0
		田坑水	45.0	26.0	3.0	30.0	5.0	3.0
	沙田扩建	田脚水	36.0	30.0	20.0	10.0	20.0	12.0
	小计 5		546.0	301.0	177.0	153.0	152.0	135.0
	合计		2 403.9	1 910.7	2 396.4	3 587.3	2 577.3	1 752.6

（2）效果评估

在现状水源的基础上，考虑规划新增的补水水源后，龙岗河流域各主要河流在枯水期10月～翌年3月的水量模拟结果如表6.7所示。

表 6.7 新增规划补水水源后主要河流水量模拟结果汇总表

单位：万吨 / 月

河流名称	项目	10 月	11 月	12 月	1 月	2 月	3 月
龙岗河	生态环境需水量	3 799.43	3 142.26	1 415.32	2 496.84	2 115.81	3 904.54
	方案模拟流量	5 830.46	4 251.86	4 725.90	5 701.33	4 577.61	4 038.81
	缺水量	2 031.03	1 109.60	3 310.58	3 204.49	2 461.80	134.27
大康河	生态环境需水量	303.54	201.98	171.43	141.94	119.56	106.37
	方案模拟流量	307.69	212.16	213.48	235.96	173.26	142.49
	缺水量	4.15	10.18	42.05	94.02	53.70	36.12
龙西河	生态环境需水量	421.17	223.05	200.75	167.83	152.67	148.87
	方案模拟流量	429.05	228.64	202.08	175.14	154.69	157.78
	缺水量	7.88	5.59	1.33	7.31	2.02	8.91
南约河	生态环境需水量	539.68	352.66	303.70	251.08	223.04	201.14
	方案模拟流量	562.45	360.49	350.55	369.45	282.38	241.32
	缺水量	22.77	7.83	46.85	118.37	59.34	40.18

续表

河流名称	项目	10 月	11 月	12 月	1 月	2 月	3 月
丁山河	生态环境需水量	929.26	554.57	473.40	392.79	356.59	327.64
	方案模拟流量	961.19	563.31	502.43	470.50	372.52	344.52
	缺水量	31.93	8.74	29.03	77.71	15.93	16.88
黄沙河	生态环境需水量	414.97	229.38	202.52	168.79	157.17	148.07
	方案模拟流量	430.70	242.14	207.68	172.82	161.38	155.27
	缺水量	15.73	12.76	5.16	4.03	4.21	7.20
田脚水	生态环境需水量	130.95	94.41	80.47	66.82	57.85	50.64
	方案模拟流量	139.83	103.39	86.84	69.96	66.27	54.63
	缺水量	8.88	8.98	6.37	3.14	8.42	3.99
田坑水	生态环境需水量	234.82	152.08	131.14	108.68	96.98	87.33
	方案模拟流量	248.06	159.53	132.78	159.54	104.83	91.12
	缺水量	13.24	7.45	1.64	50.86	7.85	3.79

注：浅灰色标记为达到生态环境需水量要求。

由模拟结果可知，新增污水处理设施作为新的补水水源后，龙岗河流域各干支流在2020生态重建情景下均能够满足生态环境需水量要求，可达标的河流月次达到36个，生态环境需水量达标率为100%。补水后，龙岗河干流旱季最枯月平均流量可达到15立方米/秒，远远高于实现释放水生态空间和重建健康流域水生态系统的目标（生态基流大于1.0立方米/秒），能够有效解决水生态功能恢复的水文条件修复难题。

对比龙岗河枯水期丰水期流量变化可知，补水前龙岗河丰水期流量合计约4.0亿吨，枯水期流量合计约1.5亿吨，枯水期较丰水期流量差距高达62%；采取补水措施后，枯水期流量增加至约3.0亿吨，流量较补水前增加1倍，且枯水期较丰水期流量差距缩小至25%。

各月补水前后流量对比详见图6.4。由图可知，枯水期10月～翌年3月期间，补水前形成一波

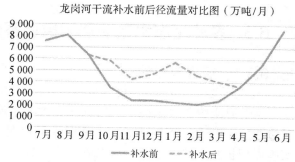

图 6.4 补水前后龙岗河径流量变化图

谷，表明枯水期丰水期流量波动巨大；补水后，该波谷被填平，流量波动的趋势得到一定缓解，表明补水对全年流量波动具有一定的缓冲作用。

6.2.4 方案推荐

按照不同的水环境状况和管理需求，本研究对应于治污起步阶段、全面治污阶段、生态重建阶段三种阶段的补水方案。在不同的管理阶段，通过设置合理的补水路径和补水时间，将现状可利用补水水源按不同月份补入各条干支流。

在治污起步阶段，现状补水水源全部利用起来进行补水也不能满足2015年所对应的生态环境需水量要求，且缺口巨大，主要原因是2015年各条河流水质均较差，导致全部补水后达标率也仅为25%，补水对河流水环境改善的意义不大。

在全面治污阶段，按照同样的全补水方案，同样也不能完全满足对应的生态环境需水量，但达标率有所提升，达到78%，缺水量最大的河流是丁山河，为主要的限制河流。

在生态重建阶段，基于2020年可能达到的水质目标假设，进行生态补水以重建河流生态系统，在现有补水水源条件下，补水后达标率为50%，但生态环境需水量缺口较前两个阶段大幅下降，因此提出将2019年底和2020年底龙岗河流域即将完成的污水处理设施尾水利用起来，新增补水后，流域内的干流河段和支流河段100%可以满足生态需水量要求，且在客观上起到了对全年径流变化的稳定作用。

综上，推荐生态重建阶段的"现状补水水源+规划新增水源"方案作为推荐补水方案。

6.3 多源生态水量动态调控调蓄合理性评估

6.3.1 经济合理性

龙岗河流域非供水山塘水库众多，大多水库具备库容释放的可行性，通过建立一套水库管理体制（丰枯期水量管理、水质管理等），按照需要实施堤坝扩容、清淤通畅、水源地保护等措施，将这部分库容利用起来作为生态补水水源，相对于通过污水深度处理得到清洁补水水源是非常低廉，而且本研究提出的非山塘水库（包含雨水滞留塘）补水路径均为在支流上游就近补水，基本不需新建大规模的补水涵管，整体成本非常低。

流域内现有的水质净化厂已陆续完成提标改造，且已建有相应补水管道。本方案直接利用现有补水管道，基本不新增工程，只是在必要时通过时间跨度上的调剂保证河道生态补水效果，因此整体成本可接受。

此外，通过库容释放、水质净化厂补水等措施，龙岗河流域水环境将得到极大改善，水库周边包含河道沿线均具有较好的风景资源景观，极大地迎合人类天生的亲水性喜好。同时，沿河区域可通过发展旅游改善基础设施建设，发展旅游度假产业，开发高档住宅小区，优化产业结构，提升区域整体环境质量，促进区域经济发展。

综上可知，本研究制定的多源生态水量动态调控调蓄方案具有经济合理性。

6.3.2 技术合理性

龙岗河流域内的山塘小水库，一度曾是街道、社区所利用的水源之一，即下游建有村级水厂，此类水厂规模小、分散、集约化水平低，缺乏可靠的优质资源供水保证率低。同时，由于村级供水工程规模小，管理跟不上，经常出现供水不足，供水不正常，还有些村镇供水工程饮用水达不到国家规定的饮用水安全标准。因此村级水厂逐步被集中式供水取代，山塘水库功能变更为防洪、调蓄，从技术上看，可直接沿用原村级水厂所用到的涵管、闸门等设施，仅仅需要对其进行必要的维护即可，且山塘水库的扩容改造技术已发展成熟。

此外通过库容释放，水质净化厂尾水补水等措施已经有相当成熟的理论体系和技术体系，且在深圳已有成功先例，大学生运动会期间，为保障河流水质达到景观要求，深圳市制定了《深圳市大运会期间主要河道生态补水工作方案》，成功地对主要河道实施了生态补水，取得了较好的效果，河流水质明显改善，也积累了宝贵的经验。

因此，本研究针对龙岗河流域雨水滞留塘、山塘水库、水质净化厂等，开展生态补水的可能性和效果研究，在技术上具有合理性。

6.3.3 环境合理性

本研究基于现状调查，结合雨水滞留塘试验成果、山塘水库可释放性评估、水质净化厂尾水位置规模等，对各类水源的可利用水量、可利用途径进行了综合评估，结果表明，各类水源可利用总水量高达70万吨/日，这为龙岗河流流域河流枯水期补水提供了可能。

本研究制定的推荐补水方案，是基于2020年可能达到的水质目标，进行生态补水以重建河流生态系统。在现有补水水源条件下，补水后达标率为50%，在考虑了2019年底和2020年底龙岗河流域即将完成的污水处理设施补水后，流域内的干流河段和支流河段100%可以满足生态需水量要求。

可见，本研究所制定的方案能够有效提高龙岗河流域主要河流的枯水期流量，能够最大限度地保证其达到生态环境需水量要求，具有环境合理性。

6.3.4　安全性分析

本研究所制定的方案涉及补水水源及其补水河流，因此方案安全性分析也从这两点展开。补水水源的雨水滞留塘，其设置是根据龙岗河流域土地利用现状及土地利用规划为基础的，均布设在非建成区、用地类型为水域用地且离河流的距离应尽可能小的区域，且新建的雨水滞留塘的地形坡比小于1，且蓄水规模比较小，因此不会对周边地质及环境产生安全隐患。非供水山塘小水库则依托于原有的村级供水水库，这些水库由于之前就是用来供水的，因此其形态功能基本符合要求，在调查中发现非供水山塘小水库状况良好，少量需要重新维护，在前期研究中也明确提出在投入使用前，需对所有非供水山塘水库开展全面的安全检查，其后根据发现的问题一一解决，因此非供水小水库的整体蓄水泄洪安全性可以得到保证。龙岗河流域水质净化厂目前运行较为稳定，补水管道已建成并持续补水，本方案提出不新建污水厂补水管道，维持原有的补水秩序，因此也不会产生安全影响。

从补水河流方面看，补水水量远远低于河流多年平均径流量的峰值，补水导致的河流水量增大不会对河道两岸及护坡等造成影响，其次，经水质检测，山塘小水库及水质净化厂的出水普遍优于地表水V类标准，均好于龙岗河流域河流现状水质，因此补水后对河流会起到稀释净化作用，将更有利于河流水环境容量的提升，维持良好的水生态环境。

综上，本方案在补水水源及补水后河流两方面均可以保证其安全性，不会对周边地质及水环境产生安全影响。

第7章　多源生态水量调控工程示范

7.1　示范工程概况

针对高度集约开发区域雨源型河流生态流量失衡以及枯水期生态基流匮乏问题，在开展丰水期产流调蓄等流量保障关键技术的基础上，统筹考虑流域内的非供水山塘水库、雨水滞留塘等蓄水设施以及水质净化厂、再生水厂的出水水质、可补水量，结合流域的生态环境需水量和实际流量，开展多源流量动态调控调蓄技术示范。

示范工程依托丁山河水环境综合整治工程、大康河水环境综合整治工程、大康河临时补水泵站工程等项目，建成示范河道总长度约18.59公里，其中丁山河示范河道长度约8.27公里，大康河示范河道长度约10.32公里，示范工程枯水期生态补水量不低于基流量的40%（以2015年为基准年）。

7.2　示范工程技术介绍

7.2.1　丁山河示范工程

7.2.1.1　流域概况

丁山河又称高桥河，河道发源于东莞与惠阳交界处之白云障，上游属于惠州市惠阳区，在龙岗区坪地街道穿越深惠公路，于环城南路桥下游约200 m处入龙岗河。丁山河全长约23.65公里（坪地境内6.4公里），集雨面积79.16平方公里（坪地境内23.49平方公里）平均坡降i=0.005 3。

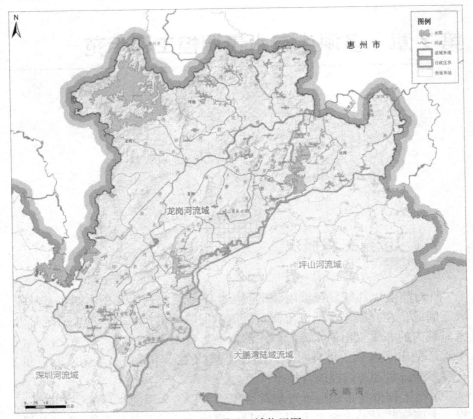

图 7.1 项目区域位置图

丁山河流域深圳境内蓄水工程共有6个，总控制面积12.54平方公里，占流域面积的16%，其中深圳境内5个，总蓄水面积7.16平方公里，惠州境内1个，蓄水面积5.38平方公里（图7.1、表7.1）。

表 7.1　丁山河流域水库特征

序号	水库名称	规模	建成日期(年.月)	集雨面积(平方公里)	设计标准(%)	校核标准(%)	特征水位(米)					特征库容(万立方米)					水库目前功能
							校核洪水位	设计洪水位	正常蓄水位	防限水位	死水位	总库容	正常库容	调洪库容	兴利库容	死库容	
1	黄竹坑水库	小(1)	1991.12	3.4	1	0.1	57.48	56.98	55.3	55.3	42	309.09	223	86.09	210	13	供水、防洪
2	白石塘水库	小(1)	1964.1	1.59	1	0.1	74.77	74.47	73	73	62.6	126.31	97	29.31	92.5	4.5	供水、防洪
3	长坑水库	小(1)	1998.1	1.15	1	0.1	53.74	53.38	52.2	52.2	42	156.86	128	30.86	123.7	4.3	供水、防洪
4	新生水库	小(2)	1952.3	0.5	5	0.5	52.53	52.27	51.4	51.4	46.13	24.72	14.59	3.87	14.49	0.1	防洪
5	田祖上水库	小(2)	1952.5	0.52	5	0.5	47.69	47.36	46.59	46.59	42.5	12.18	6.5	3.5	5.93	0.57	防洪

注：本表只统计深圳境内的支流及蓄水工程。

7.2.1.2　基准年基流量

基于丁山河1961～2015年日径流序列分别对枯水期各月最枯日平均流量进行频率分析，通过调节Cv、Cs使得曲线拟合达到最优，得到90%保证率所对应的流量即为该月的基流量。可以得到丁山河2015年枯水期基流量为2.592万立方米/日。丁山河1961～2015年枯水期各月最枯日径流量频率曲线见图7.2，基流量计算结果见表7.2。

表 7.2　2015 年丁山河基流计算结果

单位：万立方米 / 日

控制断面	10 月	11 月	12 月	1 月	2 月	3 月
丁山河	4.925	4.838	4.234	3.888	3.974	2.592

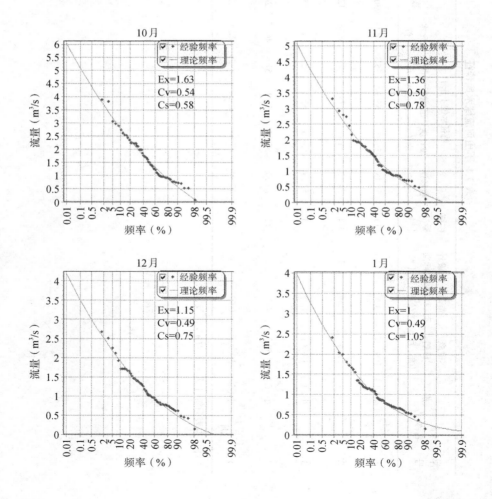

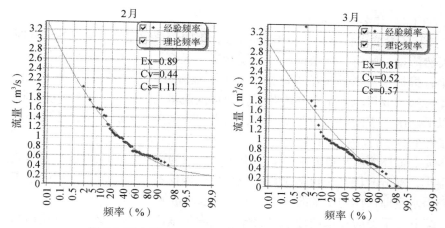

图 7.2 丁山河 1961～2015 年各月最枯日径流量频率曲线

7.2.1.3 生态环境需水量

本研究中生态需水量主要是指河道内生态需水量。河道内生态需水量主要由维持河道生态功能的河道主流生态需水量以及河流流动过程中消耗的蒸发需水量和渗漏需水量组成。河道主流需水量又包括满足河流流动的河道生态基础流量，保持河流基本自净能力的河流自净需水量，以及维持河道输沙功能的河道输沙需水量。龙岗河为雨源型河流，因此不考虑输沙功能。所以将取这2项中最大值作为河道主流生态需水量，以避免重复计算。最终确定研究区的生态系统河道内生态环境需水量的构成为

$$W_M = \max(W_B, W_C)$$

$$W_{RI} = W_M + W_E + W_S$$

式中，W_{RI}是河道内生态环境需水量，立方米；W_M是河道主流生态需水量（立方米）；W_E是河流蒸发需水量，立方米；W_S是河流渗漏需水量，立方米；W_B是河道生态基础流量，立方米；W_C是河流自净需水量，立方米。

丁山河综合整治工程最主要的任务之一就是截污，工程实施完成后将基本实现无污水直排入河，河道水质基本可达到地表水 V 类标准。因此，本研究计算生态环境需水量时不考虑河道自净需水量。计算获得的丁山河生态环境需水量如表7.3所示。

表 7.3 丁山河枯水期生态环境需水量计算结果

单位：万立方米／月

河流	1 月	2 月	3 月	10 月	11 月	12 月
丁山河	37.31	33.2	31.12	88.27	52.33	44.97

7.2.1.4　补水水量分析

按基流量要求核算。根据Tennant法，年内较枯时段河道流量达到同时段天然流量40%时，河道内生态环境状况"极好"。本方案以2015年为基准年，根据基流量计算结果可知，丁山河基流量约为2.592万立方米/日，由此可知要取得较好生态环境状况，河道内流量需保持在1.037万立方米/日以上。由于丁山河为雨源型河流，枯水期降水少，径流量小，建议补水水量在1.037万立方米/日以上。

按生态环境需水量要求核算。由于丁山河为雨源型河流，枯水期基流量很小，部分时段甚至可能出现断流现象，因此本方案中计算获得的生态环境需水量即可作为要求的补水水量，补水水量见表7.4。

综上，丁山河补水调控水量首先必须满足基流量40%及生态环境需水量的要求，在此基础上如果还有充足的补水来源，应进一步与水质目标相结合确定补水水量（丁山河远期为地表水Ⅳ标准），为鱼类等水生生物提供良好的栖息地环境。丁山河补水水量分析见表7.4。

表 7.4　丁山河枯水期生态环境需水量计算结果

单位：万立方米/月

项目	10月	11月	12月	1月	2月	3月
基流量40%	32.15	29.04	32.15	32.15	31.11	32.15
生态环境需水量	88.27	52.33	44.97	37.31	33.2	31.12
补水量分析	88.27	52.33	44.97	37.31	33.2	32.15

7.2.1.5　多源生态补水方案设计

（1）多源补水原则

枯水期持续补水，水量动态调整。一般在每年10月至次年3月为枯水期，河流径流量小，此时应持续进行补水，有强降雨发生时除外。补水水量应根据多年平均径流量及当年降水情况的进行动态调整。

补水水质水量同步保障原则。补水水源应定期监测，水质净化厂尾水补水点应根据在线监测数据进行动态补水，当水质受污染或出水不达标时，应暂停补水。

多水源灵活动态调整原则。一般情况下水质净化厂尾水为主要补水水源，当此种水源补水满足河道生态需水要求时，小水库可以暂时蓄水调控，当水泵检修等突发情况时，可以灵活调动其他补水水源。

（2）补水水源

补水水源包括横岭水质净化厂、高桥片区污水资源化工程、流域范围内的小水库等。黄竹坑水库、长坑水库、白石塘水库等。

横岭水质净化厂尾水：横岭水质净化厂设计规模为60万吨/日，其中横岭一期20万吨/日，出水执行一级B标准，横岭二期40万吨/日，出水执行一级A标准。实际出水水质优于一级A标准。在《龙岗河流域水环境综合整治工程——龙岗河干流综合治理二期工程》中已在丁山河河口左岸预留了丁山河的补水口，管径DN800，出水高程30.0米。

高桥片区污水资源化工程：高桥片区污水资源化工程主要为统筹解决高桥片区和国际低碳城启动区的污水资源化利用问题。设计规模5万吨/日，出水水质执行《地表水环境质量标准》（GB3838-2002）Ⅲ类标准。

黄竹坑水库：于1991年12月建成，水库规模为小（1）型，集雨面积为3.4平方公里，总库容为309.09万立方米，正常库容223万立方米，兴利库容210万立方米，水库目前功能为供水、防洪等。

长坑水库：于1998年1月建成，水库规模为小（1）型，集雨面积为1.15平方公里，总库容为156.86万立方米，正常库容128万立方米，兴利库容123.7万立方米，水库目前功能为供水、防洪等。

白石塘水库：于1964年1月建成，水库规模为小（1）型，集雨面积为1.59平方公里，总库容为126.31万立方米，正常库容97万立方米，兴利库容92.5万立方米，水库目前功能为供水、防洪等。

（3）补水时间

深圳市降丰水期节性分布十分明显，干湿季分明，降雨主要集中在丰水期（4～9月），平均雨量达1 654.2毫米，约占全年雨量的85%，而从12月至次年2月降水量较少，基本无降水，属于枯水期，此时河流无天然径流补充，水质相对较差。本方案补水实现集中在枯水期，即10月、11月、12月以及次年的1月、2月、3月。

（4）补水方案及路线设计

依托现有建成设施，开展补水方案及路线设计，补水路径如图7.3、图7.4所示。

1）西湖苑尾水补水：位于丁山河西湖苑，补给水源为横岭水质净化厂尾水，每天最大可调控水量约3.7万立方米。结合丁山河基流量及生态环境需水量，建议枯水期补水调控水量在2～3.7万吨/日，补水水质优于一级A标准，氨氮、总磷指标甚至优于地表水Ⅴ类标准。

2）高桥片区污水资源化工程尾水补水：位于深圳国际低碳城斜对面，该人工湿地主要用于龙岗高桥片区的污水，每天可调控水量约0.5万立方米，出水进入低碳城人工湖后补给丁山河干流。由于该工程尾水进入河道不需水泵，且该工程储水设施较为有限，建议每日约0.5万立方米尾水排入丁山河，不需设置额外的调控设施，补水水质达到地表水Ⅲ类标准。

3）黄竹坑水库、长坑水库和白石塘水库补水：将黄竹坑水库水补充丁山河支流黄竹坑水，最终汇入丁山河干流；将长坑水库水补充丁山河支流长坑水，最终汇入丁山河干流；将白石塘水库水补充丁山河支流白石塘水，最终汇入丁山河干流。由于该三座水库现状均有供水功能，所以此水库补水仅作为补充水源。黄竹坑水库、长坑水库、白石塘水库补水丁山河主要通过其泄洪道等补给，需要补水时在闸门处进行调控即可。此三座水库出水水质均优于地表水Ⅲ类标准。

图 7.3 丁山河补水水源及补水路径

黄竹坑水库补水　　　　西湖苑尾水+雨水滞留塘补水

白石塘水库补水　　　　　长坑水库补水

图 7.4 补水点现场照片

（5）补水量及调度方式

根据丁山河基流量、生态环境需水量及现有补水设施情况，统筹考虑流域范围内补水水源，进行补水水量的设计。具体每个月补水调度情况如表7.5。每个月内的每日均匀补水。

表 7.5　丁山河多源补水调控水量

序号	名称	补水时间 / 补水量（万吨 / 月）					
		10 月	11 月	12 月	1 月	2 月	3 月
1	西湖苑尾水补水	94.3	82.2	113.8	114.7	103.6	82.2
2	高桥片区污水资源化工程	15.0	15.5	15.0	15.5	14.0	15.5
3	黄竹坑水库	2.5	2.2	3.0	4.7	3.3	2.2
4	长坑水库	0.8	0.7	0.9	1.4	1.0	0.7
5	白石塘水库	2.5	2.2	3.0	4.7	3.3	2.2
	合计	115.1	102.8	135.7	141	125.2	102.8

7.2.2　大康河示范工程

7.2.2.1　流域概况

大康河位于深圳市东北部横岗街道境内，是龙岗河上游的一级支流，主河长9.8公里，天然河道平均比降0.013，控制集雨面积25.63平方公里；沿线主要支流有简龙河、福田河和新塘村排洪渠；流域内已经建有小（2）型以上蓄水工程2座，其中小（1）型水库1座，小（2）型水库1座（表7.7）。

7.2.2.2　基准年基流量

采样90%保证率法计算基流量。基于大康河1961～2015年日径流序列分别对枯水期各月最枯日平均流量进行频率分析，通过调节 Cv、Cs 使得曲线拟合达到最优，得到90%保证率所对应的流量即为该月的基流量。可以得到大康河2015年枯水期基流量为0.950万方/日。大康河1961～2015年枯水期各月最枯日径流量频率曲线见图7.5，基流量计算结果见表7.6。

表 7.6　2015 年大康河基流计算结果

单位：万方 / 日

控制断面	10 月	11 月	12 月	1 月	2 月	3 月
大康河	1.987	1.814	1.469	1.382	1.296	0.950

表 7.7 大康河流域水库特征

序号	水库名称	规模	建成日期（年.月）	集雨面积（平方公里）	设计标准（%）	校核标准（%）	特征水位（米）					特征库容（万立方米）					水库目前功能
							校核洪水位	设计洪水位	正常蓄水位	防限水位	死水位	总库容	正常库容	调洪库容	兴利库容	死库容	
1	铜锣径水库	中型	扩建	5.64	0.2	0.02	84.26	83.29	80	—	60	2 400	1 563.78	—	1 306.51	257.27	防洪、供水、调蓄
2	老虎沥水库	小(2)	1962.3	1.02	—	—	—	—	—	—	—	17	15	—	—	—	防洪、调蓄

注：本表只统计深圳境内的支流及蓄水工程。

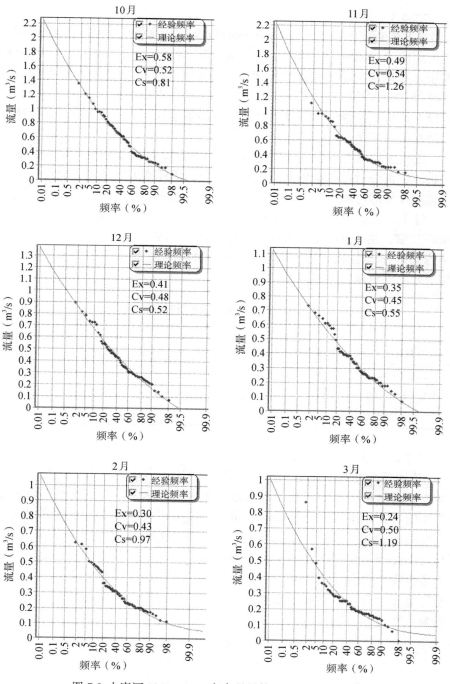

图 7.5　大康河 1961～2015 年各月最枯日径流量频率曲线

7.2.2.3 补水水量分析

按基流量要求核算。根据 Tennant 法，年内较枯时段河道流量达到同时段天然流量40%时，河道内生态环境状况"极好"。本方案以2015年为基准年，根据基流量计算结果可知，大康河基流量约为0.950万立方米/日，由此可知要取得较好生态环境状况，河道内流量需保持在0.38万立方米/日以上。由于大康河为雨源型河流，枯水期降水少，径流量小，建议补水水量在0.38万立方米/日以上。

按生态环境需水量要求核算。由于大康河为雨源型河流，枯水期基流量很小，部分时段甚至可能出现断流现象，因此本方案中计算获得的生态环境需水量即可作为要求的补水水量，补水水量见表7.8。

综上，大康河补水调控水量首先必须满足基流量40%及生态环境需水量的要求，在此基础上如果还有充足的补水来源，应进一步与水质目标相结合确定补水水量（大康河远期为地表水Ⅳ标准），为鱼类等水生生物提供良好的栖息地环境（表7.8）。

表 7.8 大康河补水水量分析

单位：万立方米/月

项目	10 月	11 月	12 月	1 月	2 月	3 月
基流量 40%	11.78	10.64	11.78	11.78	11.40	11.78
生态环境需水量	28.79	19.02	16.26	13.46	11.11	10.09
补水量分析	28.79	19.02	16.26	13.46	11.11	11.78

7.2.2.4 生态环境需水量

本方案中生态需水量主要是指河道内生态需水量。河道内生态需水量主要由维持河道生态功能的河道主流生态需水量以及河流流动过程中消耗的蒸发需水量和渗漏需水量组成。河道主流需水量又包括满足河流流动的河道生态基础流量，保持河流基本自净能力的河流自净需水量，以及维持河道输沙功能的河道输沙需水量。龙岗河为雨源型河流，因此不考虑输沙功能。所以将取这2项中最大值作为河道主流生态需水量，以避免重复计算。最终确定研究区的生态系统河道内生态环境需水量的构成为

$$W_M = \max(W_B, W_C)$$

$$W_{RI} = W_M + W_E + W_S$$

式中，W_{RI}是河道内生态环境需水量，立方米；W_M是河道主流生态需水量，立方米；W_E是河流蒸发需水量，立方米；W_S是河流渗漏需水量，立方米；W_B是河道生态基础流量，立方米；W_C是河流自净需水量，立方米。

大康河综合整治工程最主要的任务之一就是截污，工程实施完成后将基本实现无污水直排入河，河道水质基本可达到地表水V类标准。因此，本研究计算生态环境需水量时不考虑河道自净需水量。计算获得的大康河生态环境需水量如表7.9所示。

表 7.9　大康河枯水期生态环境需水量计算结果

单位：万立方米/月

河流	1月	2月	3月	10月	11月	12月
大康河	13.46	11.11	10.09	28.79	19.02	16.26

7.2.2.5　多源生态补水方案设计

（1）补水水源

补水水源包括横岗水质净化厂二期、流域范围内的水库等。

横岗水质净化厂二期尾水：横岗水质净化厂二期位于大康河河口右侧，设计规模为10万吨/日，出水执行一级A标准。

铜锣径水库：水库规模为中型，集雨面积为5.64平方公里，总库容为2 400万立方米，正常库容1 563.78万立方米，兴利库容1 306.51万立方米，水库目前功能为供水、防洪等。

老虎沥水库：于1962年3月建成，水库规模为小（2）型，集雨面积为1.02平方公里，总库容为17万立方米，正常库容15万立方米，水库目前功能为防洪、调蓄。

（2）补水时间

深圳市降丰水期节性分布十分明显，干湿季分明，降雨主要集中在丰水期（4～9月），平均雨量达1 654.2毫米，约占全年雨量的85%，而从12月至次年2月降水量较少，基本无降水，属于枯水期，此时河流无天然径流补充，水质相对较差。本方案补水实现集中在枯水期，即10月、11月、12月以及次年的1月、2月、3月。

（3）补水方案及路线设计

依托现有建成设施，开展补水方案及路线设计，补水路径如图7.6、图7.7所示。

1）水质净化厂尾水补水点1：位于横岗福田河河口附近，补给水量来源于横岗水质净化厂二期，建议枯水期补水调控水量在1.5~2万吨/日，补水水质优于一级A标准，氨氮、总磷指标甚至优于地表水Ⅴ类标准。

2）水质净化厂尾水补水点2：位于新塘村排水渠河口附近，补给水量来源于横岗水质净化厂二期，建议枯水期补水调控水量在0.5~0.7万吨/日，补水水质优于一级A标准，氨氮、总磷指标甚至优于地表水Ⅴ类标准。

3）水质净化厂尾水补水点3：位于新塘村排水渠中上游，在安业路和良运街交叉口附近，补给水量来源于横岗水质净化厂二期，建议枯水期补水调控水量在0.3~0.5万吨/日，补水水质优于一级A标准，氨氮、总磷指标甚至优于地表水Ⅴ类标准。

图7.6 大康河补水水源及补水路径

4）铜锣径水库、老虎沥水库补水点：将铜锣径水库水补充大康河支流简龙河，最终汇入大康河干流；将老虎沥水库水补充大康河支流福田河，最终汇入大康河干流。由于铜锣径水库现状有供水功能，所以此水库补水仅作为补充水源；老虎沥水库虽然不是供水水库，作为大康河常规补水水源，但蓄水量较小。因此，此两座水库主要作为大康河备用补水水源。铜锣径水库、老虎沥水库主要通过其泄洪道等补给，需要补水时在闸门处进行调控即可。此三座水库出水水质均优于地表水Ⅲ类标准。

污水处理厂尾水补水

污水处理厂尾水补水

污水处理厂尾水补水

铜锣径水库补水

图 7.7　补水点现场照片

（4）补水调度方式

根据大康河基流量、生态环境需水量及现有补水设施情况，统筹考虑流域范围内补水水源，进行补水水量的设计。具体每个月补水调度情况如表7.10。每个月内的每日均匀补水。

表 7.10　大康河多源补水调控水量

序号	名称	补水时间/补水量（万吨/月）					
		10 月	11 月	12 月	1 月	2 月	3 月
1	横岗二期补水（大康河上游）	6.48	5.65	7.82	9.30	8.40	5.65
2	横岗二期补水（大康河中游）	15.12	13.18	18.25	21.70	19.60	13.18
3	横岗二期补水（大康河下游）	43.20	37.67	52.13	62.00	56.00	37.67
4	老虎沥水库	0.1	0.1	0.1	0.2	0.1	0.1
5	铜锣径水库	2.5	2.2	3.0	4.7	3.3	2.2
	合计	67.4	58.8	81.3	97.9	87.4	58.8

7.3　示范工程运行效果

7.3.1　丁山河示范工程

示范工程建成后，从2018年11月至2019年6月课题组对示范工程进行11次监测，监测数据显示：丁山河示范工程生态补水量在10 851.84～110 073.6

吨/日，生态补水量占2015年基流量（25 920吨/日）的41.9%～424.7%。丁山河多源生态补水后，显著提高了河道径流量，有效解决了雨源型河流流量分布不均及枯水期基流匮乏问题（图7.8、图7.9）。

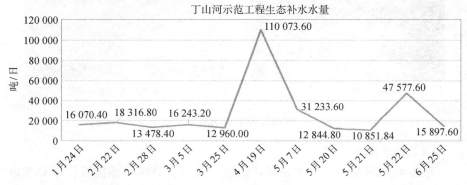

图 7.8 丁山河示范工程生态补水量

△综合整治前的丁山河，河道水体   △综合整治后多源生态补水的丁山河
黑臭，橡胶坝总口截污，下游干涸

图 7.9 丁山河补水前后对比

丁山河多源生态补水后水环境质量获得显著改善，主要水质指标COD浓度基本优于地表水Ⅴ类标准，甚至达到地表水Ⅳ类标准（图7.10）。

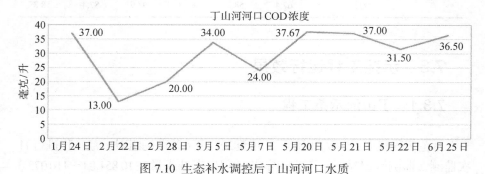

图 7.10 生态补水调控后丁山河河口水质

7.3.2　大康河示范工程

示范工程建成后，从2018年11月至2019年6月课题组对示范工程进行13次监测，监测结果显示：大康河示范工程生态补水量在5 132.16～27 043.2吨/日，生态补水量占2015年基流量（9 500吨/日）的54.0%～284.7%。大康河示范工程多源生态补水后，显著提高了河道径流量，有效解决了雨源型河流流量分布不均及枯水期基流匮乏问题（图7.11、图7.12）。

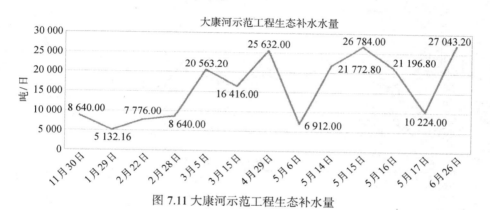

图 7.11 大康河示范工程生态补水量

△综合整治前的大康河，河道水体
黑臭，橡胶坝总口截污，下游干涸
　　　　　△综合整治后多源生态补水的大康河

图 7.12 大康河补水前后对比

大康河多源生态补水后水环境质量获得显著改善，主要水质指标COD、氨氮和总磷浓度基本优于地表水Ⅴ类标准，甚至达到地表水Ⅳ类标准（图7.13）。

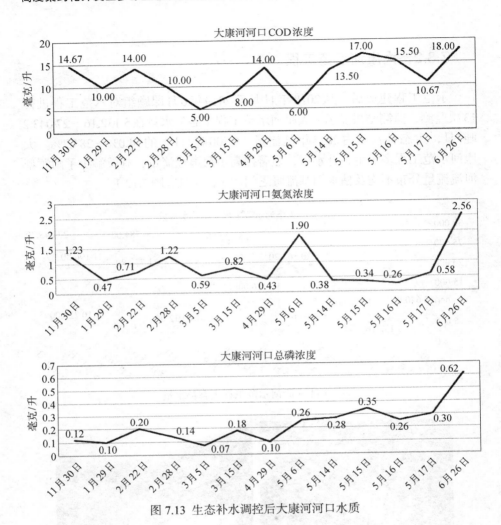

图 7.13 生态补水调控后大康河河口水质

第8章　结论

雨源型河流是城市水体中重要的类型，河流径流量主要来自降雨，有雨则产流，无雨则基本断流，且以小河沟居多，呈现丰枯季流量差异大、环境容量小、生态脆弱等特征，往往面临水质恶化、断流甚至生态退化的多重威胁。水量不足导致雨源型河流流态不佳、动力不足、复氧和传质能力下降，易引起水质下降，甚至黑臭。因此，补水调控生态环境需水量是治理雨源型河流的关键。

本书针对东江高度集约开发区域（龙岗河流域）雨源型河流生态流量失衡以及枯水期生态基流匮乏问题，建立流域产汇流模型分析流域生态流量时空分布规律，并以丰水期产流调蓄、非供水山塘改造、规模化尾水回调及再生水回用技术研究作为重点，以重建健康流域水生态系统为目标，结合河流生态环境需水量要求，提出了多源生态水量动态调控调蓄技术方案。

（1）龙岗河流域生态流量规律研究

在模型比选基础上，选取适合模型构建了产汇流模型，分析了龙岗河流域生态流量的时间分布规律，分析了流域生态流量失衡的原因并提出了恢复生态水量平衡的途径。结果显示：① 在空间分布特征上，1980～2015年城市化改造程度大的区域，流域产流量总体呈上升趋势，流域出口流量增幅达5.29%，且降雨量越大，由土地利用变化所带来的流量增幅也越大；② 在时间分布特征上，丰水期（4～9月）河道流量显著提升，月均流量增幅10%左右，枯水期（10月至翌年3月）河道流量显著减少，月均流量减幅15%左右，枯水期流量变幅大于丰水期，说明城市化进程对雨源型河流的枯水期流量影响更大，由此将进一步增大雨源型河流丰枯二季的流量差距，加剧河流枯水期断流的风险。

（2）雨源型河流生态流量保障关键技术研究

针对流域枯水期生态基流匮乏问题，以丰水期产流调蓄（雨水滞留塘）、非供水山塘改造、规模化尾水回调及再生水回用为重点，开展河流生态流量保障技术研究，为实现枯水期生态流量动态调控调蓄提供水源保证。结果显示：① 在雨水滞留塘试验研究基础上，结合流域地形地貌及用地权限，系统规划布设了21座雨水滞留塘，枯水期可调蓄补水量约128.4万吨（补水量0.71万吨/日），并实现下渗补给地下水22万吨/月，为枯水期流域补水挖掘了潜在补水来源；② 在详细调查流域非供水山塘水库基础上，以不影响流域供水、符合远期规划、补水路径通畅等为原则，筛选出了24座可用于蓄水改造的山塘水库，开展了扩容及改造可行性分析，提出了相应的扩容改造技术，实现可释放水量约789万吨/年，并且90%山塘水库达到或优于地表水Ⅴ类标准，具备补水可行性，是流域枯水期重要的补给水源之一；③ 在对流域水质净化厂、再生水厂出水水质、水量及运行状况、流域相关补水规划详细调查基础上，提出了以水质净化厂尾水为重要补水来源的策略，枯水期补水量约67万吨/日，研究了非供水山塘水库调水可行性，考虑了重要一级支流、跨界支流、二级支流等多种以支补干组合状态后，设定了关键保障、跨界保障与全覆盖3种补水及路线优化方案。

（3）多源生态流量动态调控调蓄技术方案

在生态环境需水量计算方法比选基础上，选取了合适的计算方法，确定本研究的生态环境需水量计算方法及主要组成部分（包括河道生态基础流量、河道自净需水量、河道蒸发需水量、河道渗透需水量），并确定了各组成部分的计算公式。选取2015年、2018年、2020年（地表水Ⅴ类）三年的水质作为设计水平年水质，结合相应的目标水质及要求，设置3种情景分别计算了流域内主要干支流逐月的生态环境需水量。

根据龙岗河流域近年水环境的变化情况，将水环境管理划分为治污起步阶段、全面治污阶段、生态重建阶段三个阶段，对每个补水水源的补水水量、补水路径、补水时间进行了具体量化，提出了多源水量生态调控技术方案，并对方案效果进行了评估。在推荐方案下（即生态重建阶段的"现状补水水源+规划新增水源"方案），流域河流生态环境需水量达标率为100%，干流枯水期流量较补水前增加1倍，有效解决了流域生态水量失衡以及枯水期生态基流匮乏问题。

（4）高度集约化开发区雨源型河流多源水量调控关键技术

提出了高度集约化开发区雨源型河流多源水量调控关键技术。该技术以河流基流量及河道生态环境需水量为依据，以解决雨源型河流生态流量失衡及枯水期生态基流匮乏问题为目标导向，以面上增加的库塘分散式水源为支点，以水质净化厂尾水为主要水源，通过沟渠河带构成流域补水网络，进而实现增强调蓄能力，补充枯季生态需水。具体工艺流程为"模型构建—径流分析—生态需水量计算—缺水量分析—补水方案制定—工况模拟—补水方案优化"。

参考文献

白琪阶，宋志松，王红瑞，等. 2018. 基于SWAT模型定量分析自然因素与人为因素对水文系统的影响——以漳卫南运河流域为例[J]. 自然资源学报，33（09）：1575-1587.

陈纯兴. 2017. 龙岗河流域治理现状及存在问题分析[J]. 黑龙江环境通报，41（04）：74-76.

陈军锋，陈秀万. 2004. SWAT模型的水量平衡及其在梭磨河流域的应用[J]. 北京大学学报（自然科学版），（02）：265-270.

崔树彬. 2001. 关于生态环境需水量若干问题的探讨[J]. 中国水利，（08）：71-74.

崔瑛，张强，陈晓宏，等. 2010. 生态需水理论与方法研究进展[J]. 湖泊科学，22（04）：465-480.

董煜. 2016. 艾比湖流域气候与土地利用覆被变化的径流响应研究[D]. 乌鲁木齐：新疆大学.

巩灿娟. 2014. 沂河流域中上游地区土地利用/覆被变化水文效应的分析与模拟[D]. 济南：山东师范大学.

胡胜. 2015. 基于SWAT模型的北洛河流域生态水文过程模拟与预测研究[D]. 西安：西北大学.

姜德娟，王会肖，李丽娟. 2003. 生态环境需水量分类及计算方法综述[J]. 地理科学进展，（04）：369-378.

姜跃良. 2004. 河流生态环境需水量的理论研究及应用[D]. 成都：四川大学.

蒋观滔. 2016. 基于SWAT模型的北洛河上游土地利用/覆被变化水沙响应研究[D]. 杨凌：西北农林科技大学.

金达表，章少华，李艳兵，等 . 2001. 深圳市地下水资源评价及开发利用对策研究 [J]. 水文地质工程地质，（01）：29-32.

赖格英，易姝琨，刘维，等 . 2018. 基于修正 SWAT 模型的岩溶地区非点源污染模拟初探——以横港河流域为例 [J]. 湖泊科学，30（06）：1560-1575.

黎明 . 2015. 基于 SWAT 的北江流域土地覆盖及气象条件变化的水文响应模拟研究 [D]. 广州：中国科学院研究生院（广州地球化学研究所）.

李鸿儒 . 2017. 基于 SWAT 模型的钦江流域土地利用/覆被变化水沙响应研究 [D]. 桂林：广西师范学院 .

李晓娟 . 2016. 基于 SWAT 模型的沣河流域土地利用变化对径流的影响 [D]. 西安：西北大学 .

梁友 . 2008. 淮河水系河湖生态需水量研究 [D]. 北京：清华大学 .

廖国威，林高松，陈纯兴 . 2018. 龙岗河流域 SWAT 模型构建及与 WebGIS 平台耦合研究 [J]. 中国农村水利水电，（10）：43-46.

林鲁生，陈秋茹，施文丽，等 . 2012. 龙岗河流域治理工程的社会和经济效益分析 [J]. 水利水电技术，43（08）：70-72.

林鲁生，罗雅，刘彤宙，等 . 2012. 龙岗河干流综合治理工程与成效研究 [J]. 水利水电技术，43（08）：1-4.

林鲁生，张勇，麦荣军，等 . 2012. 龙岗河干流综合治理工程建设管理实践及探索 [J]. 水利水电技术，43（08）：34-36.

刘彩云 . 2018. 基于 SWAT 模型的太平江流域径流量模拟与分析 [D]. 南昌：江西理工大学 .

刘斯文，刘海隆，王玲 . 2018. 开都河流域土地利用/覆被变化对径流的影响 [J]. 人民黄河，40（07）：22-26.

刘卫林，叶咏，朱圣男，等 . 2018. 基于 SUFI-2 算法的 SWAT 模型在抚河临水流域径流模拟中的应用 [J]. 水利规划与设计，（10）：57-61.

罗雅，董文艺，孙飞云，等 . 2012. 初期雨水调蓄设施的优化设计——以龙岗河干流综合治理工程为例 [J]. 水利水电技术，43（08）：15-19.

马国军 . 2014. 基于 SWAT 模型的湟水河流域生态水文效应研究 [D]. 郑州：郑州大学 .

庞靖鹏，刘昌明，徐宗学 . 2010. 密云水库流域土地利用变化对产流和产沙的影响 [J]. 北京师范大学学报（自然科学版），46（03）：290-299.

庞靖鹏，徐宗学，刘昌明 . 2007. SWAT 模型研究应用进展 [J]. 水土保持研究，（03）：31-35.

庞靖鹏，徐宗学，刘昌明. 2007. SWAT模型中天气发生器与数据库构建及其验证[J]. 水文，（05）：25-30.

庞靖鹏. 2007. 非点源污染分布式模拟[D]. 北京：北京师范大学.

彭盛华，尹魁浩，梁永贤，等. 2011. 深圳市河流水污染治理与雨洪利用研究[J]. 环境工程技术学报，1（06）：495-504.

钱玲，刘媛，晁建颖. 2013. 我国水质水量联合调度研究现状和发展趋势[J]. 环境科学与技术，36（S1）：484-487.

孙栋元，金彦兆，王启优，等. 2016. 疏勒河中游绿洲生态环境需水时空变化特征研究[J]. 环境科学学报，36（07）：2664-2676.

索联锋. 2016. 渗滤池—滞留塘系统在山地城市径流污染控制中的应用研究[D]. 重庆：重庆大学.

田佳平，黄炜. 2019. 深圳龙岗河流域综合整治工程关键技术研究与应用[J]. 水利水电快报，40（05）：39-41.

田英，杨志峰，刘静玲，等. 2003. 城市生态环境需水量研究[J]. 环境科学学报，（01）：100-106.

王浩，周祖昊，贾仰文等. 2018. 流域水质水量联合调控理论技术与应用[M]. 北京：科学出版社.

王文瑾，黄奕龙，陈凯. 2014. 龙岗河流域水生态系统监测与评估[J]. 中国农村水利水电，（06）：54-56.

王文章，程艳，敖天其，等. 2018. 基于SWAT模型的古蔺河流域面源污染模拟研究[J]. 中国农村水利水电，（10）：32-36.

王学，张祖陆，宁吉才. 2013. 基于SWAT模型的白马河流域土地利用变化的径流响应[J]. 生态学杂志，32（01）：186-194.

王学，张祖陆，宁吉才. 2013. 基于SWAT模型的白马河流域土地利用变化的径流响应[J]. 生态学杂志，32（01）：186-194.

王燕. 2017. 深圳市水环境治理与沿河截污工程实践的思考[J]. 中国水利，（01）：35-38.

王元超. 2015. 丹江口水库中长期径流预报及水质水量联合模拟技术[D]. 北京：中国水利水电科学研究院.

魏冲，董晓华，成洁，等. 2018. 基于改进SWAT模型的土地利用变化对流域设计洪水的影响研究[J]. 中国农村水利水电，（07）：84-89.

吴佳曦. 2013. 吉林省东辽河流域生态环境需水量的研究[D]. 长春：吉林大学.

吴一鸣. 2013. 基于SWAT模型的浙江省安吉县西苕溪流域非点源污染

研究 [D]. 杭州：浙江大学.

谢林伸，陈纯兴，韩龙，等. 2018. 深圳市河流水质改善策略研究——以龙岗河流域为例 [M]. 北京：科学出版社.

解国荣. 2018. SWAT 模型在小流域水土保持减流减沙效益评价中的应用研究 [J]. 水资源开发与管理，（08）：19-21.

熊翰林. 2018. 赣江流域径流对气候变化的响应 [D]. 南昌：南昌工程学院.

熊向陨，那金，陈伊梦，等. 2017. 深圳市地下水脆弱性评价研究 [J]. 给水排水，53（S1）：114-116.

徐燕，孙小银，刘飞，等. 2018. 基于 SWAT 模型的泗河流域除草剂迁移模拟 [J]. 中国环境科学，38（10）：3959-3966.

徐宗学，彭定志，庞博，等. 2016. 河道生态基流理论与计算方法——以渭河关中段为例 [M]. 北京：科学出版社.

闫正龙. 2008. 基于 RS 和 GIS 的塔里木河流域生态环境动态变化与生态需水研究 [D]. 西安：西安理工大学.

杨朝晖. 2013. 面向生态文明的水资源综合调控研究 [D]. 北京：中国水利水电科学研究院.

杨毅，邵慧芳，唐伟明. 2017. 北京城市河道生态环境需水量计算方法与应用 [J]. 水利规划与设计，（12）：46-50.

杨志峰，尹民，崔保山. 2005. 城市生态环境需水量研究——理论与方法 [J]. 生态学报，（03）：389-396.

余育速. 2016. 多源补水河道水质水量联合调度研究 [D]. 合肥：合肥工业大学.

曾秀俐. 2014. 基于 SWAT 模型的邕江流域土地利用/覆被变化及其水文效应研究 [D]. 长沙：湖南科技大学.

张鑫. 2004. 区域生态环境需水量与水资源合理配置 [D]. 杨凌：西北农林科技大学.

赵传普. 2015. 基于 SWAT 模型的延河流域土地利用对径流影响模拟研究 [D]. 北京：中国科学院研究生院（教育部水土保持与生态环境研究中心）.

赵西宁，吴普特，王万忠，等. 2005. 生态环境需水研究进展 [J]. 水科学进展，（04）：617-622.

赵欣胜，崔保山，杨志峰. 2005. 黄河流域典型湿地生态环境需水量研究 [J]. 环境科学学报，（05）：567-572.

郑璟，方伟华，史培军，等. 2009. 快速城市化地区土地利用变化对流域水文过程影响的模拟研究——以深圳市布吉河流域为例[J]. 自然资源学报，24（09）：1560-1572.

郑政，陈凯，王燕. 2012. 龙岗河干流综合治理工程规划设计及后评价[J]. 水利水电技术，43（08）：82-85.

中国水科院，中国市政工程西北院. 2016. 龙岗河流域综合治理规划总报告.

中国水利水电科学研究院. 2017. 深圳市龙岗河流域河流生态需水研究.

周伟东. 2016. 基于SWAT模型的朱溪小流域产流产沙模拟[D]. 福州：福州大学.

周增荣. 2012. 九龙江流域土地利用/覆被变化及其水质效应模拟分析[D]. 泉州：华侨大学.

朱磊，李怀恩，李家科，等. 2013. 渭河关中段生态基流保障的水质水量响应关系研究[J]. 环境科学学报，33（03）：885-892.

Lenhart T, Fohrer N, Frede H G. 2003. Effects of land use changes on the nutrient balance in mesoscale catchments[J]. Physics and Chemistry of the Earth, Parts A/B/C, 28（33）: 1301-1309.

Weber A, Fohrer N, Möller D. 2001. Long-term land use changes in a mesoscale watershed due to socio-economic factors — effects on landscape structures and functions[J]. Ecological Modelling, 140（1）: 125-140.